FELSMECHANIK UND INGENIEURGEOLOGIE
ROCK MECHANICS AND ENGINEERING GEOLOGY
SUPPLEMENTUM III

Felsbau in Theorie und Praxis
Rock Engineering in Theory and Practice

XVI. Kolloquium der Österreichischen Regionalgruppe (i. Gr.)
der Internationalen Gesellschaft für Felsmechanik

16th Symposium of the Austrian Regional Group (i. f.)
of the International Society for Rock Mechanics
Salzburg, 30. September und 1. Oktober 1965

Herausgegeben von / Edited by
L. Müller, Salzburg

Unter Mitwirkung von / In Cooperation with
C. Fairhurst, Minneapolis

Mit 75 Textabbildungen

With 75 Figures

1967

SPRINGER-VERLAG / WIEN · NEW YORK

ISBN-13: 978-3-211-80804-7   e-ISBN-13: 978-3-7091-5735-0
DOI: 10.1007/978-3-7091-5735-0

Library of Congress Catalog Card Number 67-19859

Titel Nr. 9215

Geleitworte

„Die unruhige Erde" hat G h e y s e l i n c k* im Titel seines noch immer höchst lesenswerten Buches unseren Menschenstern genannt. Vor Jahrzehnten, als dieses Buch geschrieben wurde, wollte sein Verfasser angesichts des oft einseitig statisch gesehenen geologischen Weltbildes seinen Zeitgenossen ins Bewußtsein rufen, daß diese Erde keineswegs ein Stück tote Schlacke, sondern etwas sehr Lebendiges ist.

Inzwischen haben wir uns längst dynamischere Auffassungen vom Verhalten der dünnen Krustenschale, auf der wir leben, zu eigen gemacht; die Spannungen und Bewegungen dieser Kruste nehmen wir nicht nur mit dem geistigen Auge wahr, sondern sind auch in der Lage, sie sogar denjenigen, welche nur das für möglich halten, was sie mit Augen sehen und mit Händen greifen können, durch Messungen zu beweisen. Heute sehen wir, wie berechtigt es ist, von einer unruhigen Erde zu sprechen, und nicht nur ängstliche Gemüter und Phantasten beschleicht mitunter das Gefühl, als würde es im Laufe der Jahrzehnte zunehmend unruhiger auf diesem Planeten, auf welchem wir uns immer wohnlicher einrichten, mehr an uns denkend als uns für ihn verantwortlich fühlend. Scheinen doch die sowohl technisch herbeigeführten wie durch außergewöhnliche Wetterlagen verursachten Katastrophen aller Art an Zahl und Ausmaß zuzunehmen; insbesondere scheinen auch jene Erschütterungen zuzunehmen, welche das Eigenleben des Gestirns, die Bewegungen seiner Kruste begleiten. Wir lesen in Statistiken, daß sich die Zahl der Menschenopfer, welche Tausende von Erdbeben jährlich fordern, im letzten Jahrzehnt gegenüber vielen vorangegangenen Jahrzehnten fast verzehnfacht hat.

Es kann heute in diesem Kreise weder unsere Aufgabe sein, die oft gehörten, in vielem auch widersprochenen Meinungen über eine zunehmende Unruhe des Planeten zu überprüfen, noch bietet uns der heutige Stand der Wissenschaft eine wirkliche Möglichkeit dazu. Wir werden uns in den Tagen dieses Kolloquiums mit viel enger begrenzten, deshalb freilich nicht minder wichtigen Fragen befassen und uns an das halten, was heute schon für jedermann erfahrbar ist. Aber auch die den Felsbauer täglich bewegenden, örtlich begrenzten Probleme hängen, wenn auch in einer heute vielleicht nur zu ahnenden Weise, mit dem ganzheitlichen Verhalten der Erdkruste zusammen. Deshalb ist es immer von Wert, sich darüber Gedanken zu machen, in welchen Weltzusammenhängen unsere noch so begrenzten wissenschaftlichen Bemühungen stehen, auch wenn wir unsere Geomechanik zunächst mehr auf die alltägliche Aufgabe des Berg- und Bauwesens ausrichten.

Wo steht die Geomechanik heute?

Aus dem kleinen Salzburger Kreis, der hier vor 15 Jahren als Arbeitsgemeinschaft für Geomechanik zu arbeiten begonnen hat, ist eine Internationale Gesellschaft für Felsmechanik hervorgegangen. Wir dürfen ohne Unbescheidenheit feststellen, daß die Arbeit dieser Jahrzehnte nicht nur manche Frucht getragen hat, sondern daß die Früchte vielerorts bereits wieder neue Wurzeln geschlagen haben. Die junge

---

* G h e y s e l i n c k : Die unruhige Erde. Ullstein-Verlag, Berlin 1947.

Saat hat junge Pfleger gefunden. Für uns Ältere, die diesen Kreis begründet haben, bedeutet das, daß wir nach dreißig Jahren des Sammelns, Suchens und Bemühens um die ersten Grundlagen nunmehr in die Jahre eintreten, deren Bestimmung das Weitergeben ist. So sehen wir mit Befriedigung an vielen Orten Institute und Institutsabteilungen entstehen, an denen das bisher Erworbene gelehrt und ausgebaut, Neues erforscht werden soll.

Mit Dankbarkeit darf ich es aussprechen, daß in dieser Situation auch mir die Möglichkeit erschlossen wurde, nun schließlich doch die lange geplanten, auf Experimente gegründeten systematischen Studien zu betreiben. Denn gerade das, die Abstützung der bisher rein gedanklich geführten Untersuchungen auf das Experiment, empfinde ich seit vielen Jahren als eine unbedingte Notwendigkeit, wenn wir uns nicht in Spekulationen verlieren sollen; sie ist ein Charakteristikum für die jetzige Situation dieses Wissensgebietes.

Der Generation, an welche wir weitergeben, wird es zufallen, das, was wir zu erkennen und zu formulieren bemüht waren, mehr als bisher in Formeln zu fassen und verbesserte Rechenmethoden zu entwickeln. Die junge Generation ist dafür sehr geeignet. Uns Älteren verbleibt dabei eine wichtige Aufgabe: in der Jugend das Bewußtsein zu wecken, daß sich die Arbeit eines Felsbauers nicht in Berechnungen erschöpfen kann und darf, sondern daß eine tiefgründige Naturbeobachtung stets ebenso notwendig bleibt wie die Bedachtnahme auf all die vielen, niemals ganz quantitativ faßbaren Phänomene und Zusammenhänge.

Allzuhäufig begegnet man in der jungen Generation der Einstellung, in der Technik angewandte Mathematik zu sehen, während sie doch viel treffender als angewandte Naturwissenschaft gekennzeichnet wird. Gerade in den letzten Jahren haben sich Katastrophen ereignet, welche uns bescheiden machen sollten und uns eindringlich vor Augen geführt haben, wie weniges von dem, was im Fels vor sich geht, heute erst berechenbar gemacht werden kann.

Um wieder einmal mit dem Salzburger Genius Paracelsus zu reden: „Derjenige ist ein Narr, der sich witziger dünkt denn die Natur, so sie doch unser aller Lehrmeisterin ist!"

L. Müller — Salzburg

Inhaltsverzeichnis

Bestimmung der Verformungseigenschaften von Gesteinen in Bohrungen mit deformetrischer Sonde und Vergleich mit den Plattenbelastungsmessungen

Von

Arnošt Dvořák*

Mit 5 Textabbildungen

Zusammenfassung — Summary — Résumé

Bestimmung der Verformungseigenschaften von Gesteinen in Bohrungen mit deformetrischer Sonde und Vergleich mit den Plattenbelastungsmessungen. Der Deformations- und Elastizitätsmodul von Gesteinen kann mit Hilfe der deformetrischen Sonde im unverkleideten Bohrloch bei verschiedenen Tiefen bestimmt werden. Der nötige Druck wird durch Preßluft in einem Gummirohr erzielt, und die Vergrößerung des Bohrlochdurchmessers wird mittels einer elektrischen Einrichtung gemessen. Der Spannungszustand um das Bohrloch ist jedoch von den Spannungen unter einem Fundament verschieden. Deshalb wurden Vergleichsmessungen mit einer Belastungsplatte in vier verschiedenen Fällen für geschichtete und nur teilweise verfestigte Sedimentgesteine vorgenommen. Die Ergebnisse beweisen, daß die Unterschiede der gemessenen Werte nicht groß sind.

Determination of Deformation Properties of Rocks in Drillholes by Sounding Deformeter and Comparison with Plate Loading Tests. For the tests of deformation properties of rocks by a sounding deformeter exploratory borings are used, which are always deepened at a larger building site. The test in a borehole needs less time than the usual plate loading test. It is possible to penetrate into a greater depth and the rock is less disturbed than at the driving of a gallery or a shaft. The stress, however, is acting in a borehole in horizontal direction on a cylindrical surface whereas the foundation rock is mostly loaded in vertical direction on a horizontal surface. A sounding deformeter was constructed for tests in boreholes, Fig. 1. The pressure is applied by compressed air, which is led into a rubber tube. The deformations are measured at the mid-length of the tube which is long enough for using at calculations formulae valid for a plane problem. The deformations are measured by means of an electric device.

Comparative tests were performed by sounding deformeter in drillholes and by jacking tests in near-by shafts. Stratified, sedimentary rocks, mostly semi-solid, were chosen for the tests, as an anisotropic behaviour of these rocks was to be expected. The tests were performed in Ordovician shales with oblique bedding planes and interlayers of quartzite (Fig. 2), further in Silurian shales dipping at moderate angles (Fig. 3). The results for Cretaceous shales are given in Fig. 4 and for Neogene clays in Fig. 5. Geological sections, graphical representations of the determined moduli as a function of depth, and typical stress-strain diagrams are shown for both kinds of tests. It may be seen that the values determined with the sounding deformeter are slightly higher than those determined by jacking tests. However the differences are not very large and the scatter of results is nearly the same for both kinds of tests.

Evaluation des caractéristiques de déformation des roches dans les forages à l'aide d'une sonde dilatométrique et comparaison avec les essais de chargement de plaque. Pour l'étude des sols de fondation les essais au dilatomètre se font directement dans les sondages

---

* Dr.-Ing. Arnošt D v o ř á k, Praha — 6, Bubeneč, Wolkerova 1, Tschechoslowakei.

de reconnaissance nécessaires pour les projets de fondation d'ouvrages importants. Un essai dans un trou de forage nécessite beaucoup moins de temps qu'un essai au verin, de plus il y a possibilité de faire des essais à des profondeurs plus grandes et le massif, se trouve beaucoup moins modifié que lors du creusement d'une galerie ou d'un puits de reconnaissance. Au cours des essais au dilatomètre la pression s'exerce radialement sur la paroi latérale du trou de forage bien que le sous-sol soit en général soumis à des efforts verticaux sur une surface horizontale. L'appareil utilisé dans les forages se présente sous la forme d'une sonde qui exerce, par air comprimé, une pression radiale. Les déformations sont mesurées dans la partie centrale de l'appareil qui a des dimensions suffisantes pour pouvoir appliquer des formules valables pour un problème plan. Les déformations sont mesurées par un mécanisme électrique. Des essais au dilatomètre et des essais de charge-ment de plaque ont été effectués pour le même massif: roche sédimentaire stratifiée, partiellement consolidée, où des phénomènes d'anisotropie pouvaient intervenir. En premier lieu les essais furent effectués dans des schistes ordoviciens avec une schistosité inclinée et des insertions de quartzite, Fig. 2, ensuite dans des schistes siluriens argileux avec inclinaison faible, Fig. 3, puis dans des argiles crétacées, Fig. 4, et enfin dans des argiles néogènes, Fig. 5. Sur ces figures ont été reproduits les profils géologiques, les modules de déformation et d'élasticité en fonction de la profondeur ainsi que les courbes caractéristi-ques de déformation en fonction de la pression pour les deux sortes d'essai. Le calcul des modules a été fait en assimilant le forage à un tube ayant une paroi infiniment épaisse. Les résultats sont groupés sous forme d'un tableau qui laisse apparaître que les essais au dilatomètre donnent des modules plus élevés que les essais au verin mais la différence n'est pas considérable et la dispersion des résultats pour les deux sortes d'essai est sensiblement analogue.

In den letzten Jahren werden sehr oft Verformungseigenschaften von Fels-gesteinen in unverkleideten Bohrlöchern untersucht. Dabei wird ein Verfahren an-gewendet, das im Vergleich mit üblichen Belastungsprüfungen in Schächten oder Stollen einige Vorteile aufweist. Dazu werden die Erkundungsbohrungen ausgenützt, die man sowieso immer abteufen muß. In den Bohrungen ist das Gestein weniger gestört und aufgelockert als in einem Stollen oder in einem Schacht, und man kann auch in eine größere Tiefe ohne Schwierigkeiten durchdringen. Einen Nachteil bildet freilich der Umstand, daß bei Flachgründungen das Gestein in vertikaler oder nahezu vertikaler Richtung belastet wird, wogegen die Spannungen, mit obigem Verfahren gemessen, horizontal wirken. Nur bei Wasserdruckstollen könnte der gemessene Spannungszustand mit der künftigen Belastungsart übereinstimmen, wenn schräge oder horizontale Bohrungen angewendet würden.

Im vorigen Jahre (1964) konnten in der Tschechoslowakei bei einigen Bauten gewöhnliche Belastungsprüfungen mit einer horizontal gelagerten Platte gleichzeitig mit Messungen unter Anwendung der deformetrischen Sonde in vertikalen Bohrun-gen durchgeführt werden. Dieser Beitrag behandelt den Vergleich der erzielten Ergebnisse.

Die bei diesen Messungen verwendete deformetrische Sonde, die auf dem Prin-zip eines elektrischen Widerstandsdehnungsmessers konstruiert ist, wurde in der Forschungsanstalt für Ingenieurbauten in Brno entwickelt und ist als tschechoslo-wakisches Patent geschützt. In einer etwas abweichenden Form ist die Sonde in Abb. 1 dargestellt. Die Meßvorrichtung ist in einem Gummischlauch von 1200 mm Länge und 120 mm Innendurchmesser wasserdicht angebracht. Der Schlauch ist an bei-den Enden mit Stahlköpfen abgedichtet und für Bohrungen von ungefähr 140 mm Lichtweite bestimmt. Der Durchmesser wurde so gewählt, daß repräsentative, mit Rücksicht auf die Ungleichartigkeit der Gesteine durchschnittliche Resultate erzielt werden, wobei auch die Möglichkeit besteht, bei ungünstigen Schichtungen und mit üblichen Bohrmethoden aus den Bohrungen noch einen kontinuierlichen Kern zu gewinnen. Ein gut gebohrter, ungestörter Kern gilt immer als wichtige Grundlage für die Beurteilung des Charakters der geprüften Gesteine.

Die elektrische Meßvorrichtung befindet sich in einem Stahlrohr, durch dessen Ausschnitte die mit Kugelflächen abgeschlossenen Berührungsplatten seitlich so herausgeschoben werden können, daß sie die innere Schlauchwandung berühren. Dadurch wird der Druck auf eine mit angeklebten Dehnungsmeßstreifen versehene

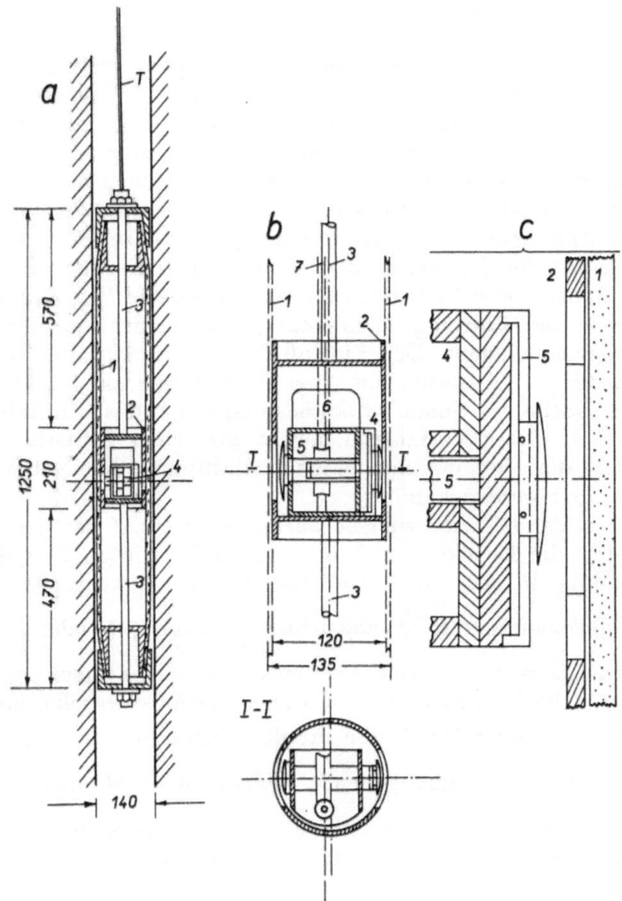

Abb. 1. Schematische Darstellung der deformetrischen Sonde

a) Sonde im Bohrloch: *1* Gummischlauch; *2* Stahlzylinder; *3* Verbindungsstangen; *4* Verschiebungs- und Meßvorrichtung; *T* Gehänge und Preßluftzufuhr. b) Mittelteil der Sonde: *5* Verschiebungsmechanismus; *6* Elektromotor; *7* Einrichtung für Notbewegung. c) Detail des Mittelteiles

Sounding deformeter

a) Apparatus in a drillhole: *1* rubber tube; *2* steel cylinder; *3* connecting rods; *4* measuring device; *T* suspension rods and air pressure supply. b) Central part of the apparatus: *5* measuring device; *6* electromotor; *7* auxiliary adjusting device. c) Detail of the central part

Sonde dilatométrique

a) Sonde dans un forage: *1* tube en caoutchouc; *2* cylindre en acier sur les tiges de connection; *3* à l'intérieur du cylindre se trouve le mécanisme coulissant et l'appareil électrique; *4 T* tiges de suspension et admission de l'air comprimé. b) Partie centrale de la sonde. Désignation comme ci-après: *5* mécanisme coulissant; *6* électromoteur; *7* mécanisme d'havarie. c) Détail de la partie centrale, désignation comme a, b

Meßplatte übertragen und wirkt sich auf die Meßbrücke aus. Als Basis für die Messung wird gewöhnlich 1 atü gewählt, und danach werden stufenweise höhere Drücke angewendet. Das Gestein wird durch das Gummirohr auseinandergepreßt, der Durchmesser der Bohrung erweitert sich und die Berührungsplatten verlieren den Kontakt, wodurch die Meßplatte in die Nullage kommt. Zur Erneuerung des Kontaktes ist deshalb eine weitere Verschiebung der Berührungsplatten nötig, welche der Erweiterung des Bohrungsdurchmessers entspricht. Die genaue Messung der Deformation erfolgt mit Hilfe eines mechanischen oder elektrischen Zählers der Umdrehungen des Verschiebungsmechanismus. Der nötige Druck wird mit Preßluft erzielt und an einem Präzisionsmanometer gemessen. Die Umdrehung des Ausdehnungsmechanismus erfolgt mit der Hand oder mit Hilfe eines kleinen Elektromotors. Wenn es sich um ein wenig zusammendrückbares Felsgestein handelt, so ist es möglich, die Meßplatte mit Dehnungsmeßstreifen durch den Verschiebungsmechanismus vorzuspannen, woran nach der Vergrößerung des Druckes im Gummischlauch auf der Dehnungsmeßbrücke die Verminderung der Durchbiegung der Meßplatte abgelesen werden kann. Diese Verminderung entspricht der Vergrößerung des Bohrlochdurchmessers in der Richtung der Messung, d. h. in der Richtung der Bewegung des Verschiebungsmechanismus. Den Einfluß der Deformation des Gummischlauches beseitigt man durch das Ansetzen von zwei Stahlplatten an der Meßstelle auf die äußere und innere Seite des Gummischlauches und durch das Durchnieten der beiden Platten. Ein Vorteil dieses Verfahrens beruht auf seiner Einfachheit, aber es hat den Nachteil, daß die Messung nur in einer Richtung, ohne vollkommene Orientierung, durchgeführt werden kann.

Während der Vergleichsmessungen wurde der Verlauf der Belastung und der Deformationen für die Drücke von 1 bis 6 kp/cm² verfolgt. Zur Berechnung des Deformationsmoduls M bzw. des Elastizitätsmoduls E wird gewöhnlich die von

Lamé für ein dickwandiges Rohr abgeleitete Beziehung M oder $E = \dfrac{D\,\sigma}{y}\,(1 + \nu)$

benützt. Hierbei ist $D =$ der Bohrlochdurchmesser, $\sigma =$ die Spannungsvergrößerung, $\nu =$ die Poissonsche Konstante, $y =$ die Deformationsvergrößerung.

Es wäre freilich auch möglich, die für den elastischen, mit einer zylindrischen

Öffnung geschwächten Halbraum geltende Abhängigkeit M oder $E = \dfrac{D}{2y}\,(1 + \nu)$

$(\sigma_1 + \sigma_2)$ zu benützen, wo σ_1 die vertikale, σ_2 die horizontale Spannung darstellt unter der Voraussetzung, daß die Deformationen in der Horizontalrichtung gemessen werden.

Die Länge des verwendeten Gummischlauches ist im Vergleich mit dem Bohrlochdurchmesser groß genug, um bei der Auswertung der Deformationen die Formeln für einen ebenen Fall anwenden zu können, da die Messung in der Mitte der Sondenlänge erfolgt. Deshalb sind auch die Unregelmäßigkeiten der Randdeformationen vernachlässigbar.

Die Werte des Deformationsmoduls wurden der ersten Linie der Arbeitslinie entnommen, während der Elastizitätsmodul aus dem Verlauf der Linie bei wiederholter Belastung und Entlastung festgestellt wurde.

Es ist freilich zu erwarten, daß in einem homogenen und isotropen Material, wie z. B. im Eruptivgestein, der durch die deformetrische Sonde in einer Bohrung festgestellte Modul nur wenig von Ergebnissen einer Belastungsmessung abweichen wird. Deshalb wurden bei den Vergleichsmessungen geschichtete Sedimentgesteine in Betracht gezogen, bei denen größere Unterschiede zu erwarten waren. Die Ergebnisse der Messungen werden an einigen Beispielen erläutert.

Im ersten Falle wurden Messungen in angewitterten ordowischen Schiefern mit Quarziteinlagen durchgeführt (Abb. 2). Die Schichten haben eine Neigung von 40°

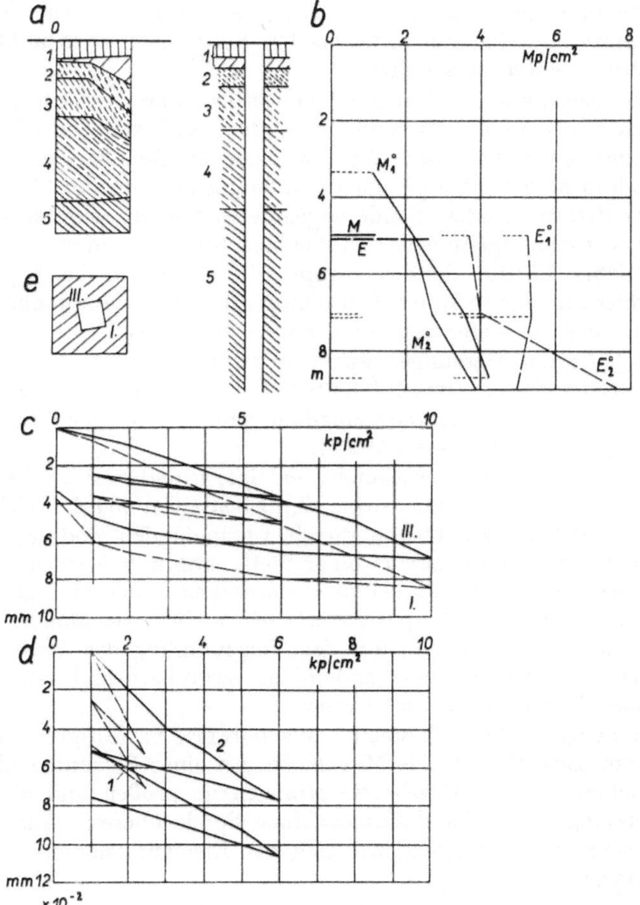

Abb. 2. Vergleichsmessungen in ordowischen Schiefern mit Quarziteinlagen

a) Geologisches Profil durch den Schacht und durch die Bohrung: *1* Pflasterung und An-schüttung. Felsuntergrund: *2* zersetzt; *3* stark verwittert; *4* verwittert; *5* angewittert. b) Deformationsmoduln M, M^0 und Elastizitätsmoduln E, E^0 in Abhängigkeit von der Tiefe des Schachtes und der Bohrlöcher 1 und 2. M, E Moduln der Plattenbelastung. c) Verformungslinie für die Belastungsplatte mit 5000 cm² Belastungsfläche. d) Verformungslinien für die deformetrische Sonde, Bohrung 2: *1* in 5 m Tiefe; *2* in 7 m Tiefe. e) Grundriß des Schachtes

Tests in Ordovician shales with interlayers of quartzite

a) Geological section of the shaft and the drillhole: *1* pavement and fill. Rock: *2* decomposed; *3* strongly weathered; *4* weathered; *5* partially weathered. b) Moduli of deformation M, M^0 and elasticity E, E^0 in dependence on the depth of the tested sections of the shaft and boreholes No. 1 and No. 2. M, E moduli from jacking test. c) Stress-strain (mm) diagram for the jacking test using a plate with a square area of 5000 cm². d) Stress-strain diagram for the sounding deformeter, drillhole No. 2: *1* at depth 5 m; *2* at depth 7 m. e) Ground plan of the shaft

Essais dans les schistes ordoviciens avec des intercalations de quartzite

a) Coupe géologique du puit de sondage et du forage: *1* pavé et remblai. Roche: *2* décom-posée; *3* très désagrégée; *4* désagrégée; *5* partiellement désagrégée. b) Modules de déforma-tion M (M^0) et d'élasticité E (E^0) en fonction de la profondeur du puit de sondage et des forages 1 (M_1^0, E_1^0) et 2 (M_2^0, E_2^0). M, E modules de la charge des plaques. c) Courbe de déformation (mm) pour la plaque de chargement, carré 5000 cm². d) La même pour la sonde dilatométrique et le forage 2: *1* profondeur 5 m; *2* profondeur 7 m. e) Plan tracé du puit

bis 50°. Die Messung mit quadratischer Stahlplatte von 5000 cm² Fläche fand in einem Schacht statt, und in zwei benachbarten Bohrungen wurden Messungen mit der deformetrischen Sonde ausgeführt.

Aus der Aufzeichnung in Abb. 2 ist ersichtlich, daß die Deformationsmoduln beider Methoden voneinander nur wenig abweichen, während der Elastizitätsmodul im Bohrloch einen etwa doppelten Wert wie der im Schacht gemessene hat. Die Größen der Moduln sind im Diagramm in Abhängigkeit von der Tiefe aufgetragen, und die von der deformetrischen Sonde abgeleiteten Moduln wurden mit M^0 und E^0 bezeichnet. Die Verformungslinie der Plattenbelastungsmessungen im Schacht zeigt hier einen deutlichen Einfluß der Anisotropie, die sich durch das Kippen der Meßplatte in der Schichtenneigung äußert (Indikatoren I—III). Eine Zunahme der Moduln mit der Tiefe ist bei der deformetrischen Sonde bemerkbar.

Die zweite Serie der Messungen wurde in silurischen Tonschiefern ausgeführt, die eine mäßige Neigung von etwa 10° hatten. Die Deformations- sowie Elastizitätsmoduln beider Meßarten entsprechen einander ganz befriedigend bzw. zeigen eine ähnliche Streuung der Ergebnisse (Abb. 3).

Die dritte Gruppe der Untersuchungen erfolgte in teilweise verfestigten Kreidetonen (Abb. 4). Der Deformations- sowie der Elastizitätsmodul, welche mit deformetrischer Sonde gemessen wurden, entsprechen beinahe den Moduln, die auf Grund der Belastungsmessung, jedoch nur an einer Stelle, ermittelt wurden. Demgegenüber wurden jedoch bei Messungen mit der deformetrischen Sonde eine ganze Reihe von Werten ermittelt, aus denen sehr gut zu ersehen ist, wie die Moduln in der Oberschicht von Löß mit der Tiefe und mit der Vergrößerung des Wassergehaltes abnehmen, wie sich dieselben in einer Sandeinlage vergrößern und dann an der Oberfläche der Tonschicht wieder kleiner werden.

Das vierte Beispiel (Abb. 5) stammt aus teilweise verfestigtem Neogenton mit Einlagerungen von Braunkohle. Die Messungen mit einer Belastungsplatte verliefen hier in zwei Tiefen, und die Ergebnisse stimmen im großen und ganzen mit dem Verlauf der Messungen mit der deformetrischen Sonde überein. Aus diesen letzten Messungen ist sehr gut zu ersehen, wie sich der Elastizitätsmodul in den Kohleneinlagen vermindert.

Tabelle 1. Zusammenfassung der Meßergebnisse

Gesteinsart	Modulwerte in kp/cm²			
	Belastungsplatte		Deformetrische Sonde	
	M	E	M^0	E^0
Sandiger und schluffiger Schiefer mit Quarziteinlagen (Ordovik)	630—1310	2260—2720	1130—2200	3700
vewitterter Tonschiefer (Silur)	1070—3140	2190—9900	2800—3500	5700—8600
gesunder Tonschiefer (Silur)	7850	22 300	8100	25 000
teilweise verfestigter Ton (Kreide)	158—790	556—1240	153—410	1290—1775
teilweise verfestigter Ton (Neogen)	90—225	640	120—380	245—890

In Tab. 1 sind die Werte der berechneten Deformations- und Elastizitätsmoduln für beide Meßmethoden übersichtlich wiedergegeben. Es folgt daraus, daß die Werte der mit deformetrischer Sonde gewonnenen Moduln bei geschichteten und teilweise verfestigten oder verwitterten Gesteinen in denselben Streuungsgrenzen liegen, die auch in den Ergebnissen der üblichen Plattenbelastungsmessungen zu beobachten sind. Im allgemeinen sind die deformetrischen Moduln etwas größer, was mit kleine-

rer Zerstörung der Gesteine in der Bohrung und kleinerer Zusammendrückbarkeit in der Schichtenrichtung zusammenhängt. Die Anisotropie der Gesteine ist freilich

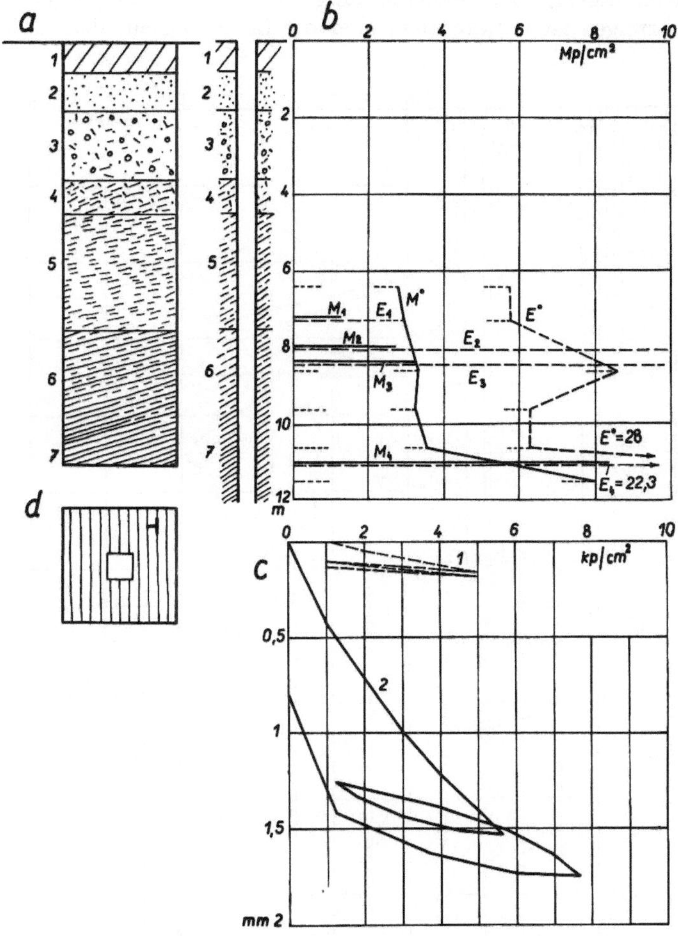

Abb. 3. Vergleichsmessungen in silurischen Tonschiefern

a) Geologisches Profil durch den Schacht und durch die Bohrung. *1* Anschüttung; *2* Sand; *3* lehmig-sandiger Schotter. Tonschiefer: *4* zersetzt; *5* verwittert; *6* angewittert; *7* gesund. b) Deformationsmoduln M, M^0 und Elastizitätsmoduln E, E^0 in Abhängigkeit von der Tiefe. M_1–M_4, E_1–E_4 Plattenbelastungsmoduln. c) Verformungslinien: *1* deformetrische Sonde in 8,60 m Tiefe; *2* Belastungsplatte in 8,00 m Tiefe. d) Grundriß des Schachtes

Test on Silurian shales

a) Geological section of the shaft and drillhole: *1* fill; *2* sand; *3* loamy sand and gravel. Shales: *4* decomposed; *5* weathered; *6* partly weathered; *7* sound. b) Moduli of deformation M, M^0 and elasticity E, E^0 as a function of depth. M_1–M_4, E_1–E_4 moduli from jacking tests. c) Stress-strain diagrams: *1* sounding deformeter at depth 8.60 m; *2* jacking test at depth 8.00 m. d) Ground plan of the shaft

Essais dans les schistes argileux siluriens

a) Coupe géologique du puit de sondage et du forage: *1* remblai; *2* sable; *3* gravier sableux et limoneux. Schistes argileux: *4* décomposés; *5* désagrégés; *6* partiellement désagrégés; *7* sains. b) Modules de déformation M (M^0) et d'élasticité E (E^0) en fonction de la profondeur. M_1–M_4, E_1–E_4 modules de la charge des plaques. c) Courbe de déformation (mm): *1* sonde dilatométrique, profondeur 8,60 m; *2* plaque de chargement, profondeur 8,00 m.
d) Plan tracé du puit

immer zu berücksichtigen; in halbverfestigten Sedimenten scheint der Einfluß der Schichtung jedoch nicht so groß zu sein, wie erwartet wurde.

Die Zweckmäßigkeit der Untersuchung von Deformationseigenschaften der Gesteine in Bohrungen ist unbestritten, aber die Belastung auf dem Bohrlochboden

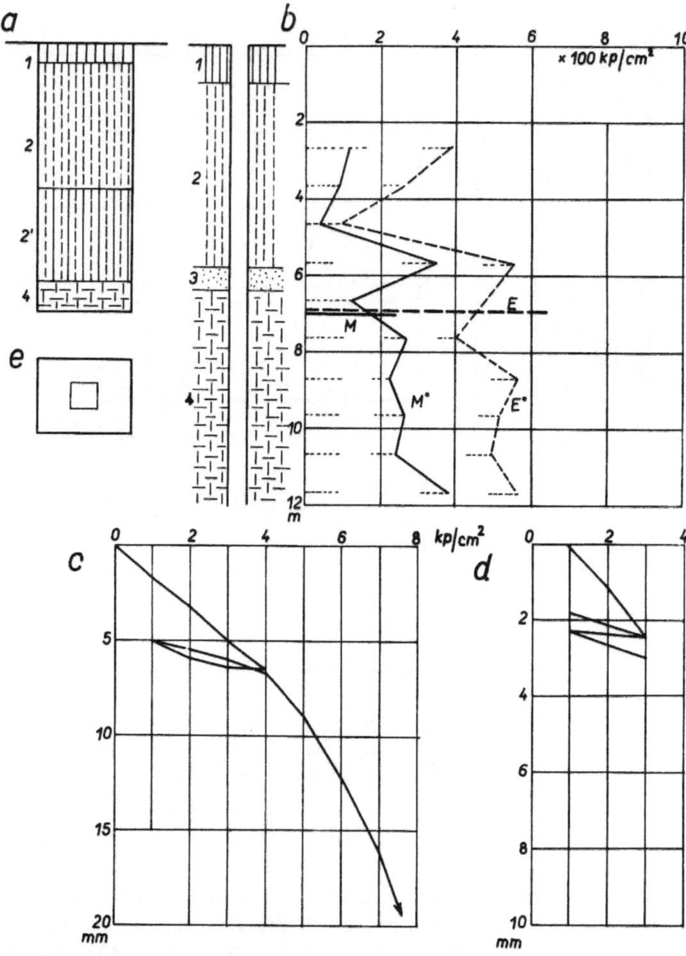

Abb. 4. Vergleichsmessungen in teilweise verfestigten Kreidetonen

a) Geologisches Profil durch den Schacht und durch die Bohrung: *1* Lößlehm; *2* sandiger Lößlehm; *3* Sand; *4* Kreideton. b) Deformationsmoduln M, M^0 und Elastizitätsmoduln E, E^0 in Abhängigkeit von der Tiefe. c) Verformungslinie für die Belastungsplatte in 7,00 m Tiefe. d) Verformungslinie für die deformetrische Sonde in 6,65 m Tiefe. e) Grundriß des Schachtes

Tests in partly solidified Cretaceous clays

a) Geological section of the shaft and drillhole: *1* loess-loam; *2* sandy loess-loam; *3* sand; *4* clay. b) Moduli of deformation M, M^0 and elasticity E, E^0 as a function of depth. c) Stress-strain diagram for the jacking test at depth 7.00 m. d) Stress-strain diagram for the sounding deformeter test at depth 6.65 m. e) Ground plan of the shaft

Essais dans des argiles crétacées partiellement solidifiées

a) Coupe géologique du puit de sondage et du forage: *1* loess-limon; *2* loess-limon sableux; *3* sable; *4* argile. b) Modules de déformation M (M^0) et d'élasticité E (E^0) en fonction de la profondeur. c) Courbe de déformation (mm) pour la plaque de chargement, profondeur 7,00 m. d) La même pour la sonde dilatométrique, profondeur 6,65 m. e) Plan tracé du puit

stellt mit Rücksicht auf die kleine Grundfläche und auf die nicht zu beseitigenden Unebenheiten kein befriedigendes Verfahren dar. Prüfungen an den Wänden der Bohrungen führen dagegen zum guten Erfolg, wie es z. B. die Arbeitsgruppe Comité National Français (A. Mayer usw.) oder B. Kujundzic und M. Stojakovic in

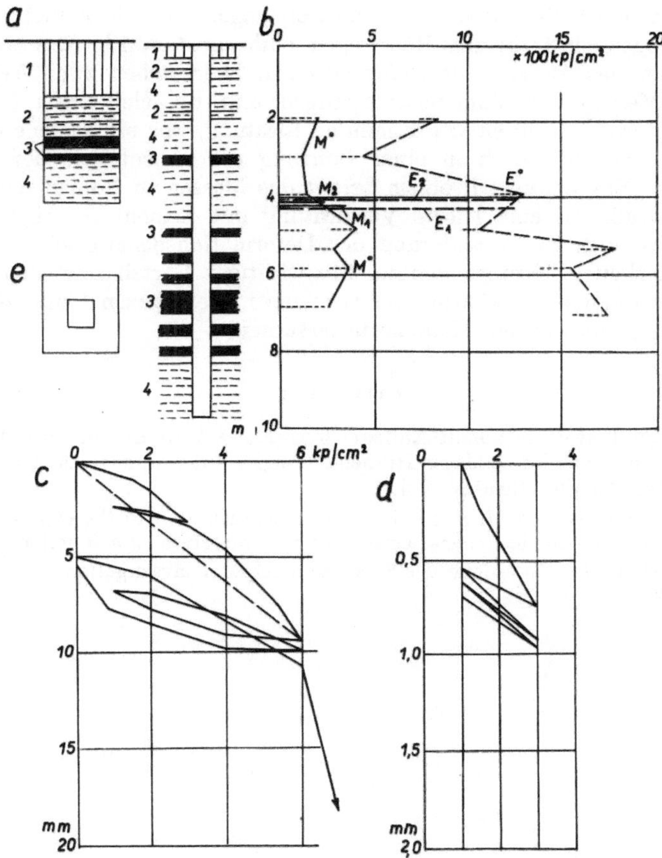

Abb. 5. Vergleichsmessungen in teilweise verfestigtem Neogenton

a) Geologisches Profil durch den Schacht und durch die Bohrung: *1* Humuslehm; *2* sandiger Lehm; *3* Braunkohlenschichten mit Toneinlagen; *4* Ton. b) Deformationsmoduln M, M^0 und Elastizitätsmoduln E, E^0 in Abhängigkeit von der Tiefe. c) Verformungslinie für die Belastungsplatte in 4,20 m Tiefe. d) Verformungslinie für die deformetrische Sonde in 4,80 m Tiefe. e) Grundriß des Schachtes

Tests in partly solidified Neogene clays

a) Geological section of the shaft and drillhole: *1* organic loam; *2* sandy loam; *3* seams of brown coal with interlayers of clay; *4* partly solidified clay. b) Moduli of deformation M, M^0 and elasticity E, E^0 as a function of depth. c) Stress-strain diagram for the jacking test at depth 4.20 m. d) Stress-strain diagram for the sounding deformeter test at depth 4.80 m. e) Ground plan of the shaft

Essais de l'argile neogène partiellement solidifiée

a) Coupe géologique du puit de sondage et du forage: *1* limon avec matières organiques; *2* limon sableux; *3* couches de lignite avec intercalations d'argile; *4* argile. b) Modules de déformation M (M^0) et d'élasticité E (E^0) en fonction de la profondeur. c) Courbe de déformation (mm) pour la plaque de chargement, profondeur 4,20 m. d) La même pour la sonde dilatométrique, profondeur 4,80 m. e) Plan tracé du puit

den Abhandlungen Comptes Rendus, Vol. I, des 8. Internationalen Kongresses über hohe Dämme im Jahr 1964 in Edinburg nachgewiesen haben, wie H. Ing. Ménard in seinem Vortrag angeführt hat und wie auch der Verfasser es in seinem Beitrag zu beweisen versuchte. Einige Fragen wären noch zu lösen, z. B. was den Durchmesser der Bohrungen anbelangt. Ein größerer Durchmesser besitzt unumstrittene Vorteile, jedoch oberhalb 150 mm sind die Bohrungen schon kostspielig, und schwerere Einrichtungen sind für die Bohrungen auch umständlich. Des weiteren handelt es sich um das Messen der Deformationen. Hier stehen zwei Wege zur Verfügung: das Messen der Volumenänderungen und die elektrische Methode zum Messen der Deformation in einer bestimmten Richtung, was mindestens bis zu einem gewissen Maße erlaubt, auch in einer Bohrung die Anisotropie der Gesteine zu berücksichtigen. Ein weiteres Problem bringt das Messen in Bohrungen mit stärkerem Wasserzufluß, wo eine leichte Verdichtung mit Zement in möglichst dünner Schicht ohne wesentliche Veränderung der Deformationseigenschaften des Gesteins vielleicht die Arbeit erleichtern könnte. Ein wichtiger Vorteil liegt in der Möglichkeit, die Deformationseigenschaften der Gesteine in der ganzen Länge der Bohrung, also in Abhängigkeit von der Tiefe, zu untersuchen.

Literatur

[1] Groupe du Travail du Comité National Français: Mésure des modules de déformation des massifs rocheux dans les sondages Huitième Congrès International des Grands Barrages, Edimbourg 1964. Comptes Rendus, Vol. I.

[2] Kujundzić, B. and M. Stojaković: A contribution to the experimental investigation of changes of mechanical characteristics of rock massives as a function of depth, ibid.

[3] Kérisel, J.: La Mécanique des Sols: Recherches et investigations récentes. Travaux, September 1958.

Eine Klassifikation der Gesteine nach dem Hartmetallverbrauch an den Untertage-Vortriebsmaschinen

Von

F. Locker[*]

Zusammenfassung — Summary — Résumé

Eine Klassifikation der Gesteine nach dem Hartmetallverbrauch an den Untertage-Vortriebsmaschinen. Es werden die verschiedenen Methoden der Festigkeitsbestimmung durch Brechen, nach Eindringungs- und Abschleifwiderstand der Gesteine kurz behandelt, ebenso die Einteilung der Gesteinsarten nach Protodjakonov.

Die bekannten Tabellen des Verfassers, welche den Hartmetallverbrauch beim drehenden, drehschlagenden Schußlochbohren, Schrämen und großflächigen Fräsen an Vortriebs- und Gewinnungsmaschinen aufzeigen, sind nach zahlreichen Daten aus verschiedenen Bergbauen, Steinbrüchen und von Tunnelarbeiten zusammengestellt, wobei Brüche und Schleifverluste an den Werkzeugen inbegriffen sind. Die Zahlen charakterisieren den betreffenden Gesteinskörper mit seiner Inhomogenität und Anisotropie. Diese Charakteristik wird durch eine verfeinerte Bohrtechnik nicht ausschlaggebend beeinflußt.

Der Verfasser hat nun auf Grund dieser Daten eine neue Tabelle aufgestellt, in der die Gesteine nach ihrer Lösbarkeit in Klassen von 1—100 eingeteilt sind.

A Classification of Rock Based upon the Wear of Hard Metals of Piercing Machines Several different methods suitable to determine the rock strength by means of fracturing and according to its resistance to penetration and wear are briefly described. A classification of rock types according to Protodjakonov is besides furnished.

The well-known tables of the author which show the wear of the hard metals at boring and piercing machines during rotation, rotation and percussion for boring of blasting holes, and countersinking by means of large surfaces fraises, have been compiled on the basis of many data got from several works in rock, in quarries, and from tunnelling. They take into account also ruptures and wears occurred at the tools. These data characterize the inhomogeneity and anisotropy of the rock. A more refined boring technique does not influence these peculiar characteristics of the rock.

Taking in account these date the author has now prepared a new table in which the rock material is classified according to its solubility and subdivided into classes from 1 to 100.

Une classification des roches d'après l'usure des métaux durs des machines d'excavation souterraine. On traite brièvement des méthodes différentes pour essayer la résistance des roches par la rupture, en considérant leur résistance à la pénétration et à l'usure ainsi que leur classification selon Protodjakonov.

Les tables bien connues de l'auteur sont le résultat de nombreuses données remportées dans des travaux en roche, dans des carrières et des travaux de tunnels. Elles démontrent l'usure des métaux durs dans les machines d'excavation et de perforation durant la rotation ou bien durant la rotation et la percussion et durant le travail accompli par des fraises à surface étendue. Ces données considèrent aussi la rupture et l'usage des outils. Ces chiffres caractérisent l'inhomogénéité et l'anisotropie de la roche.

---

[*] Bergdirektor Bergrat h. c. Dipl.-Ing. Dr. mont. Friedrich Locker, Salzach-Kohlenbergbau GmbH, Trimmelkam, 5120 Wildshut, OÖ.

Une technique de forage plus perfectionnée n'apporterait pas un changement considérable à ces valeurs. L'auteur a rédigé une nouvelle table d'après ces données, où les roches sont classées de 1 à 100 selon leur solubilité.

Nach Leopold Müller sind die Festigkeits- und Formeigenschaften des Gebirges im wesentlichen Eigenschaften des Kluftkörperverbandes; nur bis zu einem gewissen — oft sehr geringen — Grade hängen sie vom Gestein selbst ab; deshalb soll man Großversuche am Gesteinskörper in der Natur und nicht allein Tests im Labor durchführen.

Trotzdem seien nachfolgend einige klassische Methoden der Festigkeitsbestimmung angeführt, wie sie im bergmännischen Tiefbau, aber auch im Tagebau angewendet werden.

In der UdSSR hat man die Kohlen nach ihrer Druckfestigkeit durch Brechen von Kohlenwürfeln in vier Gruppen eingeteilt, und zwar:

sehr weiche Kohlen	$50 - 100 \ \text{kg/cm}^2$,
mittelfeste Kohlen	$100 - 150 \ \text{kg/cm}^2$,
feste Kohlen	$200 - 300 \ \text{kg/cm}^2$,
sehr feste Kohlen	$350 - 400 \ \text{kg/cm}^2$.

Der Festigkeitskoeffizient „f" für Kohle und Gesteine nach der von M. M. Protodjakonov ausgearbeiteten Klassifikation findet breite Anwendung. Für die Einheit dieser Einteilung wurde die Festigkeit eines Gesteins (Koeffizient $f = 1$) gewählt, das mit $100 \ \text{kp/cm}^2$ zerbrochen wird. Diese Einteilung hat zehn Klassen, einzelne von diesen sind noch in fünf Unterklassen geteilt, und „f" bewegt sich von 0,3 bis 20 (Tab. 1).

Diese Methode des dynamischen Brechens wurde am Bergbauinstitut der Akademie der Wissenschaften in der UdSSR entwickelt. Man nimmt vom Gesteinskörper 30 Muster; diese werden gebrochen und daraus fünf Proben in der Körnung über 10 mm ausgesucht. Diese Proben werden durch Herabfallen eines Gewichtes vom oberen Rand eines zylindrischen Gefäßes, in dem sich die Probe befindet, weiter gebrochen. Nach fünfmaligem Herabfallen des Gewichtes wird die Probe auf einem 0,5-mm-Sieb abgesiebt, das Unterkorn, entstanden aus der dynamischen Zertrümmerung, wird in einem Volumeter gemessen, und dieses Ausmaß gilt als Wert für den Koeffizienten „f". Am Zylinder werden auch Skalen angebracht, an denen man nach dem Brechen das Aufsitzen des Kolbens bzw. die Differenz vor und nach den fünf Schlägen ablesen kann.

Eine weitere Methode ist die des statischen Brechens, entwickelt vom Wissenschaftlichen Kohlenforschungsinstitut der UdSSR, wo die Gesteinsproben über eine hydraulische Presse mit 640 kp belastet werden.

Eine Umrechnungsformel aus dem Ergebnis des Grades der Zerkleinerung ergibt wieder den Koeffizienten „f".

Auch Schneidversuche mit landwirtschaftlichen Bodenbearbeitungs- und Erdbaumaschinen sind zur Festigkeitsbestimmung, insbesondere von leichteren, wenig gebundenen Böden, herangezogen worden. Zur Ermittlung des Eindringungswiderstandes ist das in den USA angewendete Gerät von Prof. Terzhagi bekannt: Ein Stahlrohr wird aus einer bestimmten Höhe in die zu untersuchende Schicht fallen gelassen, und die Eindringtiefe ergibt nach der Pfahlformel von Eytelwein die Festigkeitswerte. Ähnlich haben die Fa. Orenstein-Koppel und die Lübecker Maschinenbau A. G. durch hydraulisches Einpressen einer baggerzahnähnlichen Schneide an verschiedenen Gesteinen Versuche unternommen.

Auch mit Löffelbaggern von $2-3 \ \text{m}^3$ Löffelinhalt wurde der Schneidwiderstand in einem Kohlentagebau gemessen, wobei Kräfte von $160 \ \text{kp/cm}$ Schneidlänge, entsprechend einem Druck von $13-11 \ \text{kp/cm}^2$, ermittelt wurden.

Aus den so auf verschiedene Weise ermittelten Druckfestigkeitswerten können bekanntlich die anderen Festigkeitswerte annähernd eingeschätzt werden; so gibt Kegel die Zugfestigkeit mit $^1/_{25}$, die Biegefestigkeit mit $^1/_{16}$ und die Schubfestig-

Tabelle 1. Klassifikation der Gesteine nach der Härte (Nach M. M. Protodjakonov)
Classification of rocks according to hardness (From M. M. Protodjakonov)
Classification des roches d'après leur résistance (M. M. Protodjakanov)

Klasse	Härtegrad der Gesteine	Gestein	Härtefaktor f
I	härtest	härteste, feste, dichte und homogene Quarzite und Basalte	20
II	sehr hart	sehr harte Granite, Quarzporphyre, härteste Sandsteine, Konglomerate, Kalksteine	15
III	hart	Granite, sehr harter Sand- und Kalkstein, harte Konglomerate, quarzhaltige Erzadern	10
III a	hart	harte Kalke, weniger harte Granite, feste Sandsteine, fester Marmor, Dolomit, Kiese	8
IV	ziemlich hart	kluftige Quarzite, gewöhnlicher Sandstein, mittelharte Fe-Erze	6
IV a	ziemlich hart	sandige Schiefer, schieferige Sandsteine	5
V	mittelhart	harte, tonige Schiefer, weniger harte Sandsteine, Kalke, weiches Konglomerat	4
V a	mittelhart	weniger harte Schiefer, dichter Mergel, weniger feste Fe-Erze	3
VI	ziemlich weich	weicher Schiefer, sehr weiche Kalke, Salz, Kreide, Gips, Anthrazit, felsiger Boden	2
VI a	ziemlich weich	Schotterboden, verfestigter Lehm, harte Steinkohle	1,5
VII	weich	Ton, weiche Steinkohle, toniger Boden	1,0
VII a	weich	Löß, Schotter, leichter, sandiger Boden	0,8
VIII	erdig	Ackerboden, Torf, leichter, sandiger Lehm, feuchter Sand	0,6
IX	locker	Sand, Rutschungen, kleinkörniger Schotter, gewonnene Kohle	0,5
X	schwimmsandartig	Schwimmsand, nasser Löß, aufgeweichter Boden	0,3

keit mit $^1/_{13}$ der Druckfestigkeit an; Ríman gibt für die Errechnung des E-Moduls den 100—150fachen Betrag der Druckfestigkeit an, ein Wert, der allerdings für plastische Gesteine niedriger liegt. Für die Zugfestigkeit gibt er $^1/_{25}$, für die Biegefestigkeit $^1/_{10}$ bis $^1/_{17}$ und für die Schubfestigkeit $^1/_{15}$ der Druckfestigkeit an.

J. N. Smirnow, Frunse (UdSSR), gibt in einer neuen Arbeit über die Gesteinszerstörung beim Drehbohrvorgang die Festigkeiten bei verschiedenen Verformungen — bezogen auf die Druckfestigkeit — so an:

```
Granit     Zug 0,02 — 0,04  Biegung      0,08      Schub      0,09,
Sandstein  Zug 0,02 — 0,05  Biegung 0,06 — 0,20  Schub 0,10 — 0,12,
Kalkstein  Zug 0,04 — 0,10  Biegung 0,08 — 0,10  Schub      0,15.
```

In der Steinindustrie erfreut sich das Würfelbrechen einer, wie Kieslinger sagt, nicht ganz berechtigten Beliebtheit, wobei auf Wasseraufnahme und Frostproben nach 25—50maliger Aussetzung Bedacht genommen wird.

Die Schotterprüfungen erfolgen so, daß eine entsprechende Menge des Prüfgutes in einem Stahlmörser entweder ruhig gedrückt oder mit einem Fallbären geschlagen wird. Die Menge der kleinen, dabei abgesplitterten Gesteinspartikel gilt als Maßstab für die Schlag- und Druckbeständigkeit des Schotters, ähnlich wie die beiden Methoden der sowjetischen Forscher nach IGN oder VUGI.

Für die Prüfung des Abschleifwiderstandes hat die alte österreichische Norm B 3102 genaue Versuchsvorschriften gegeben, die noch durch die Abnützung in der Trommelmühle und die Beurteilung der Haftfestigkeit des Bindemittels im Gestein ergänzt werden. Bekannt sind die Materialprüfungen mit dem Vickers-Härteprüfer und die jetzt vielfache Verwendung des Prallhammers (Haase, 1965).

Alle diese Gesteinsprüfungsarten werden an Proben vorgenommen und berücksichtigen nicht die Inhomogenität und Anisotropie des Gebirgskörpers, durch welchen

Tabelle 2. Hartmetallverbrauch beim drehenden Bohren von Schußbohrlöchern (Nach F. Locker)
Hardmetal-consumption by rotary drilling of shotboreholes (From F. Locker)
Usure de l'alliage dur par forage rotatif de trons de tir (F. Locker)

Grube	Art des Gesteines	m³ Arbeitsvolumen je 1 cm³ Hartmetallverbrauch	kWh / m³
Zeche General Blumenthal, Recklinghausen Ruhr	Schieferton+Sandstein+Schiefer	0,030	
Gipswerke Grundlsee, Steiermark	Gips mit Dolomit	0,034	
Salzwerk Stetten, BRD	Anhydrit	0,051	
Gipswerke Grundlsee, Steiermark	Gips	0,063	
Alpenvorland, Rohöl-AG.........	Moräne $2/3$ Ton, $1/3$ Schotter	0,090	
Eisenerz. Steiermark	Siderit + Ankerit..............	0,133	
Pölfing-Bergla, Steiermark	Glanzkohle	0,190	
Gew. Auguste Viktoria, Marl, Ruhr	Gas- und Gasflammkohle	0,300	
Trimmelkam, Oberösterreich	Lignitische Hartbraunkohle	0,317	19,5
Ibbenbüren bei Münster, BRD....	Anthrazit-Kohle, sehr fest, Bohrloch-Durchmesser 70 mm	0,654	
Lankowitz-Köflach, Steiermark...	Lignit	0,662	
Fohnsdorf, Steiermark..........	Glanzkohle	0,780 ⎱ 0,997 ⎰	
St. Stefan, Kärnten.............	Brüchige Hartbraunkohle	1,130	
Salzwerk Stetten, BRD	Steinsalz	1,500	
Schmitzberg (WTK), OÖ	Lignit	1,710	

Stollen und Strecken vorgetrieben werden sollen. Der Verfasser hat nun versucht, umgekehrt wie bei der Feststellung des Abschleifwiderstandes an Gesteinsproben, die Abnützung von Werkzeugen der Bohr-, Schräm- und Fräsmaschinen als Maßstab der Gesteinsfestigkeit zu verwenden und aus dem Werkzeug-Verbrauch aus Tausenden von Bohrmetern und Tausenden gelösten Raummetern eine Klassifikation der zu bohrenden oder zu lösenden Gesteine zu erarbeiten.

Die Entwicklung der Hartmetall-Metallurgie gibt die Möglichkeit, entsprechend zähe und harte Bestückungen an Untertagemaschinen zu verwenden. Wolframkarbidlegierungen, sogenannte G-Legierungen, werden durch Variation des Kobaltgehaltes dem Verwendungszweck angepaßt; sie haben bei 5 % Kobalt eine Druckfestigkeit von 60 000 kp/cm²; die bei den Maschinen im Tunnelbau und Bergbau verwendete Sorte G 2 hat eine Druckfestigkeit von 21 000 kp/cm². Der *E*-Modul liegt bei diesen Arten um rd. 6 000 000 kp/cm².

Tabelle 2 zeigt nun die bereits an anderen Stellen veröffentlichte Übersicht des Hartmetallverbrauches beim drehenden Schußlochbohren einschließlich der Schleifverluste und Brüche an den Werkzeugen, und zwar auf Schußbohrlochvolumen bezogen. Mit 1 cm³ Hartmetall (HM) = rd. 14 g bohrt man z. B. im Sandstein-

Tabelle 3. Hartmetallverbrauch beim drehschlagenden Bohren von Schuß-
bohrlöchern (Nach F. Locker)
Hardmetal-consumption by rotary percussive drilling of shotboreholes (From F. Locker)
Usure de l'alliage dur par forage perentant-rotatif de trons de mines (F. Locker)

Grube	Art des Gesteines	m³ Arbeits-volumen je 1 cm³ Hartmetall-verbrauch
Mont Blanc, Chamonix, Frankreich ..	Granit (mit Jumbo-Bohrwagen)....	0,0257
Schärding, Oberösterreich	Granit.........................	0,031
Kupferbergwerk Mitterberg, Salzburg	Phyllit + Quarz + Gangmasse	0,047
Alpine Fohnsdorf, Steiermark.......	Sandstein	0,062
Gewerkschaft Auguste Viktoria, Ruhr	Bleizinkerzgang Marl	0,062
Kohlengruben von Lothringen.......	Konglomerat	0,066
Unbekannt	Konglomerat	0,070
Magnesitwerk Radentheim, Kärnten .	Granitglimmerschiefer mit Quarz-einlagen......................	0,080
Tauchen, Burgenland..............	Toniger Blockschotter (Gneis + Phyllit + Ton)	0,130
Hausham, Oberbayern.............	Sandstein (mergelig)	0,140
Grundlsee, Steiermark.............	Anhydrit	0,180
Kohlengruben von Lothringen	Sandiger Schiefer	0,155
Unbekannt	Sandiger Schiefer	0,180
Radenthein, Kärnten	Magnesit	0,250
Hausham, Oberbayern.............	Sandiger Mergel	0,360
Eisenerz, Steiermark	Siderit—Ankerit	0,560
Hausham, Oberbayern.............	Milder Mergel...................	0,670

Schieferton der Zeche Blumenthal in Recklinghausen nur 0,03 m³ Bohrloch, im Lignit der Wolfsegg-Traunthaler Kohlenwerke AG. 1,71 m³ Schußbohrlochvolumen.

Bei der Tabelle für Drehschlagbohren (Tab. 3) fällt auf, daß der Verbrauch an Hartmetall im Granit beim Mont-Blanc-Tunnelvortrieb mit dem Verbrauch im

Tabelle 4. Hartmetallverbrauch beim Schrämen (Nach F. Locker)
Hardmetal-consumption by milling (From F. Locker)
Usure de l'alliage dur par havage (F. Locker)

Grube	Art des Gesteines	m³ Arbeits-volumen je 1 cm³ Hartmetall-verbrauch	$\frac{kWh}{m^3}$
Trimmelkam, Oberösterreich	Lignitische Hartbraunkohle	4	7,2
Salzwerk Stetten, BRD	Steinsalz	8	
Herta-Neurode, BRD.............	Hartsalz	10	
Pölfing-Bergla. Steiermark	Glanzkohle	13,2	
Gew. Auguste Viktoria, Marl, Ruhr	Gasflammkohle	16,8	
St. Stefan, Kärnten	Brüchige Hartbraunkohle	17	
Fohnsdorf, Steiermark...........	Glanzkohle	37	
— Flöz Erda, Ruhr	Sehr feste Steinkohle...........	38	
— Flöz Loki, Ruhr	Feste Steinkohle	54	
Graf Bismarck VII, Flöz S/Rev. 6, Ruhrgebiet	Gasflammkohle, feste Steinkohle	58	
— Flöz 2, Saar	Mittelfeste Steinkohle	81	
— Flöz Ida, Ruhr................	Weiche Steinkohle	124	
— Flöz Erda 2, Ruhr.............	Sehr weiche Steinkohle	300	

Granitbruch in Schärding auffallend übereinstimmt; dort wurde mit 14 g Hartmetall ein Schußbohrlochvolumen von rd. 0,03 m³ gebohrt, während im milden Mergel der Pechkohlengrube von Hausham in Oberbayern 1,7 m³ erzielt wurden. Die Tabelle des HM-Verbrauches beim Schrämen von Kohlenflözen (Tab. 4) zeigt an, daß man in der lignitischen Hartbraunkohle von Trimmelkam 1 cm³ = 14 g HM für 4 m³ Schramvolumen in einer Stärke von 10 cm verbraucht hat, während für eine sehr weiche Steinkohle des Ruhrgebiets 14 g Hartmetall für 300 m³ Schram ausreichten.

Tabelle 5 zeigt nun den Verbrauch beim Stollen- oder Streckenfräsen bzw. bei der Gewinnung mit Walzen, d. h. mit breitflächig angreifenden Loslösorganen. Der Verbrauch bei einer Versuchsfahrt der Wohlmeyer-Maschine mit kreisrundem Profil, Durchmesser 3,1 m, im Devonkalkstein von Gradenberg, Steiermark, betrug

Tabelle 5. Hartmetallverbrauch der großflächigen Werkzeuge durch Fräsen beim Vortrieb und in der Gewinnung (Nach F. Locker)
Hardmetal-consumption on large surface tools by milling of drifting- and coalgetting machines at roads and face (From F. Locker)
Usure d'alliage dur par les machines à grand surface par fraisage au cours de l'abatage et du creusement (F. Locker)

Grube	Art des Gesteines	Art der Bearbeitung	m³ Arbeits-volumen je 1 cm³ Hartmetall-verbrauch	$\dfrac{\text{kWh}}{\text{m}^3}$
Gradenberg, Steiermark.	Devonkalkstein 1200—1400 kp je cm² Druckfestigkeit	Wohlmeyer	1,0—1,4	11—18
Kohlgrube WTK, Oberösterreich, Streckenfräse ÖSTU..................	Sandiger Schlier	Fräsen, Zerspanen	7,44	
Leicestershire and South Derbyshire (Dosco Miner)	Steinkohle mit festen Einlagerungen	Fräsen, Zerspanen	10,3	1—3,5
Kohlgrube WTK, Oberösterreich, Streckenfräse ÖSTU..................	Lignit	Fräsen, Zerspanen	16,60	
Trimmelkam, Oberösterr., Streckenfräse ÖSTU	Lignit. Hartbraunkohle	Fräsen, Zerspanen	17,20	3,87
Köflach, Steiermark	Lignit	Wohlmeyer	17,80	2,7
Trimmelkam, Oberösterr., Korfmann GB 50........	Lignit. Hartbraunkohle	Großlochbohren Ø 700	25,00	9,6
Korfmann GB 10........		Ø 450		2,64
Ruhrrevier, Walzenschrämlader	Gasflammkohle	Fräsen, Brechen	95,00	
Trimmelkam, Oberösterr.	Lignit. Hartbraunkohle mit fest. Einlagerungen	EW-130 L	55,0	

14 g Hartmetall auf 1,0—1,4 m³, der Energieverbrauch 11—18 kWh/m³. Mit einem Walzenschrämlader der Fa. Eickhoff hingegen ergaben sich in einer sehr weichen Steinkohle an der Ruhr 95 m³ Kohle auf 1 cm³ HM.

Diese Tabelle enthält die neuesten Daten der maschinellen Kohlengewinnung mit einer 130-KW-Walze der Fa. Eickhoff in Trimmelkam, wo allerdings eine sehr feste Quarzeinlagerung von 5—20 cm Dicke einen großen Meißelverbrauch durch Brüche bedingte. Die sogenannten Tangentialmeißel dieser Maschine kommen von der Fa. Hoy aus England und werden in Essen bei Krupp mit Hartmetall bestückt. Die erwähnten Quarze haben eine Festigkeit um schätzungsweise 1500—1600 kp/cm².

Der Verbrauch bei einer Gewinnung von 87 500 t Kohle betrug für 55 m³ Kohle 1 cm³ Hartmetall = rd. 14 g[1].

Dieser Werkzeugverbrauch charakterisiert das betreffende Gestein, auch wenn es heterogen und anisotrop ist.

Für den Gebrauch der Praxis hat der Verfasser nun auf Grund dieser durch Jahre gesammelten Daten über den Verbrauch an Hartmetall bei den einschlägigen Maschinen versucht, die Gesteine in Klassen einzuteilen, die, wie aus der Tabelle 6

Tabelle 6. Klassifikation der Gesteine nach ihrer Lösbarkeit mit Vortriebs- und Gewinnungsmaschinen sowie für das Schußlochbohren (Nach F. Locker)
Classification of rocks corresponding to their solubility with road-drifting machines and coal getting machines and for the shootholedrilling (From F. Locker)
Classification des roches d'après leur solubilité (F. Locker)

Gestein	Druckfestigkeit kp/m² Energieverbrauch kWh/m³ z. B.	Klasse
Fester, feinkörniger Granit, Quarzit	2400 kg/cm²	100
Quarzphyllit		75
Quarzsandstein	2000 kp/cm²	55
Bleizinkerzgang		50
Festes Konglomerat mit kristalinen Akzessorien		45
Quarzglimmerschiefer		37
Blockschotter (tonig)		27
Mergeliger Sandstein		25
Lockerer Quarzsandstein		24
Quarzschieferton	für Klasse 22—18 =	22
Dolomit (fest)	18—11 kWh/m³	22
Anhydrit		21
Gips		20
Magnesit	1200—1400 kp/cm²	19
Dichter Devonkalkstein		18
Schottermoräne (kalkig)		14
Siderit, Ankerit		13
Sandiger Schlier		10
Tonschiefer	550—600 kp/cm²	9
Steinkohle mit festen, kieseligen Einlagerungen		8
Braunkohle mit Verkieselungen		8
Stark xylitischer Lignit	für Klasse 5—2 =	5
Feste Braunkohle	4—3 kWh/m³	3
Feste Steinkohle	320—350 kp/cm²	2,5
Salzgestein		2
Milder Mergel		1,5
Sehr weiche Steinkohle	40—70 kp/cm²	1
Mulmige Braunkohle		1
Ton, Lehm		0,5

ersichtlich, mit Klasse 100 beim festen, sehr feinkörnigen Granit und Quarzit beginnen und mit Klasse 1 bei sehr weicher Steinkohle oder mulmiger Erdbraunkohle enden. Der Granit hat bekanntlich eine Druckfestigkeit von etwa 2400 kp/cm², die weiche Kohle eine solche von 10—70 kp/cm². Soweit bekannt, ist auch der Energieverbrauch beim Lösen des betreffenden Gesteins, so bei Dolomit und Kalkstein mit 18—11 kWh/m³, angegeben; bei den anderen Gesteinen kann er durch

---

[1] Alle in den Tabellen angeführten Daten wurden dem Verfasser von verschiedenen Bergbauen, Steinbrüchen und Tunnelbauten in dankenswerter Weise auf Anfrage zur Verfügung gestellt, zum Teil stammen sie aus der Literatur.

Interpolation zur Orientierung ermittelt werden. Bei Lignit bis fester Braunkohle beträgt der Energieaufwand 4—3 kWh/m³.

Diese Tabelle ist auch für das Schußlochbohren gültig; der Hartmetallverbrauch und Energieaufwand beträgt, aufs Volumen bezogen, etwa das Zehnfache gegenüber dem der breitflächigen Schneiden oder Fräsen.

<h3 style="text-align:center">Literatur</h3>

Baron, L. I., V. M. Kurbatov und R. V. Orlov: Der Einfluß des Verhältnisses der Hauptmasse von Gesteinsproben auf die Druckfestigkeit bei zeitweiser Belastung. Gorn. Žur., *1958*, Nr. 2, 17.

Fettweis, G. B. und P. Reska: Untersuchungen über den Zusammenhang zwischen Bohrbarkeit und Gesteinsfestigkeit. XVI. Kolloqu. Int. Ges. Felsmech., Salzburg, *1965*. Felsmech. u. Ing.-Geol., Vol. IV/2, 1966.

Gregor, M.: Japanische Untersuchungen über die Zerspanung von spröd-hartem Material mit schwingendem Meißel. Glückauf *101* (1965), 1476.

Gusejew, A. A.: Zerspanung harter Gesteine mittels Schnellfräsen. Gorn. Žur., *1951*, Nr. 8, 27 (Polen).

Haase, O.: Ein einfaches Verfahren zum Bestimmen der Festigkeit des Nebengesteins und der Kohle. Glückauf *98* (1962).

Haase, O.: Gesteinsmechanische Untersuchungen mit dem Prallhammer. Glückauf *101* (1965), 1030.

Hartland, K.: Fast shaft sinking by conventional methode at El Akeba, Marocco. Engng. Min. J. *161* (1960), 115.

Hurley, V. L.: Thin seam continuous mining the new full dimension extensible conveyor system. Min. Congr. J. *45* (1959), Nr. 11, 67.

Hvorslev, J.: Über die Festigkeitseigenschaften gestörter bindiger Böden. Technische Hochschule Wien, Dissertation.

Kerner, W.: Die Bearbeitung von Stein durch Drehen und Hobeln. VDI-Verlag: Ber. über betriebswiss. Arb. *10* (1933).

Kopáček, J. Ostrava: Die Bestimmung der Festigkeit der Kohlen auf den Gruben. Uhli, Prag, *4* (1958).

Lauffer, H.: Gebirgsklassifizierung für den Stollenbau. Geologie und Bauwesen *24* (1958), 46.

Locker, F.: Das Hartmetall im Bergbau. I. Int. Bergbaukongr., Warschau, *1958*.

Müller, O.: Neuere Gesichtspunkte beim Einsatz und bei der Behandlung von Hartmetall-Bergbauwerkzeugen. Vortrag TWV Bochum, *1954*.

Müller, O.: Der gegenwärtige Stand der Anwendung von Hartmetall im Bergbau. Schlägel und Eisen, *1956*.

Reska, P.: Physikalisch-technische Gesteinseigenschaften, ihre Prüfungsmethoden und ihr Einfluß auf die Gewinnbarkeit. Berg- und Hüttenmännische Monatshefte, Dezember 1964, *Heft 12*.

Rostomjan, P. M.: Zur physikalischen Grundlage der Bearbeitung von Gestein mit Hilfe des „Planeten"-Bohrmechanismus. Ugol *30* (1955), Nr. 8, 34.

Smíšek, K.: Ermittlung der Festigkeitseigenschaften der Kohle im Ostrau-Karwiner Revier. Montan-Rundschau Wien, *1959*.

Stini, J.: Behelfsmäßige Untersuchungen der Gebirgsfestigkeit. Geologie und Bauwese *20* (1953), 34.

VUGI Kohlenforschungs-Institut UdSSR: Gesteinsbearbeitung mit Radiowellen. Promyschlenno-ekonomitscheskaja gazeta *66* (1950).

Über den Einfluß der Klüftung auf die Spannungsverteilung im Fels

Von

Tilo Döring*

Mit 8 Textabbildungen

Zusammenfassung — Summary — Résumé

Über den Einfluß der Klüftung auf die Spannungsverteilung im Fels. Zur Deutung des Einflusses einer parallelen Kluftschar auf die Spannungsverteilung im Kluftkörperverband wird eine vereinfachte mathematische Modellvorstellung beschrieben. Die Grundgleichungen des Problems sind hyperbolisch und zeigen, daß sich der Kluftkörperverband im Sinne von Müller „mechanisch anisotrop" verhält.

About the Influence of Jointing on the Stress Distribution in Rock Masses. To interpret the influence of a sharp set of joints on the stress distribution in jointed rock masses a simplified mathematical model is described. The basic equations of the problem are of hyperbolic type and they are demonstrating "mechanical anisotropic" properties of the rock mass in sense of Müller.

Influence de la fissuration sur la répartition des contraintes dans les roches. Un modèle mathématique simplifié a été étudié pour expliquer l'influence d'un réseau de fissures parallèles sur la répartition des contraintes dans un massif fissuré. Les équations de base de ce problème sont de type hyperbolique et montrent que le massif fissuré a un comportement "mécanique anisotrope" au sens de Müller.

I. Aufgabenstellung und Voraussetzungen

Klüfte sind ein wichtiges Gefügemerkmal des Felsens und bestimmen als solches wesentlich das mechanische Verhalten dieses geologischen Körpers. Auf diese Zusammenhänge haben beispielsweise Müller[1] und Clar[3] wiederholt hingewiesen, wobei betont wird, daß infolge der Klüfte im Felsverband eine „mechanische Anisotropie" auftritt, durch die „der Kraftfluß . . . in zwei Komponenten aufgespalten" wird ([2], S. 147).

Diese Schlußfolgerung läßt sich auch auf theoretischem Wege mit Hilfe von Modellvorstellungen ableiten, deren Grundzüge in dem vorliegenden Beitrag dargestellt werden sollen.

Im allgemeinen wird der Gebirgsverband durch Kluftflächen in Grund- oder Teilkörper zerlegt, die speziell als Kluftkörper bezeichnet werden[1]. Damit ist das mechanische Verhalten eines solchen Verbandes, d. h. also beispielsweise der Spannungsverlauf in ihm, generell von zwei Faktoren abhängig:

a) von den spezifischen Verformungseigenschaften (z. B. Elastizität, Inelastizität) der Teilkörper und

b) von der Geometrie und den mechanischen Eigenschaften der Kluftflächen.

---

* Dr.-Ing. Tilo Döring, Deutsche Akademie der Wissenschaften zu Berlin, Arbeitsstelle für Geomechanik, Agricolastraße 1, 92 Freiberg/Sa., DDR.

Betrachtet man zum Beispiel eine parallele Kluftschar, so kann die Kluftdichte dieser Schar durch den Begriff der „Klüftigkeitsziffer" K^1 quantitativ erfaßt werden. Die Verteilung der Klüfte ist im geologischen Realverband stets diskret und es gilt $0 < K < \infty$, so daß die Kluftfläche in diesem Verband Diskontinuitäten bzw.

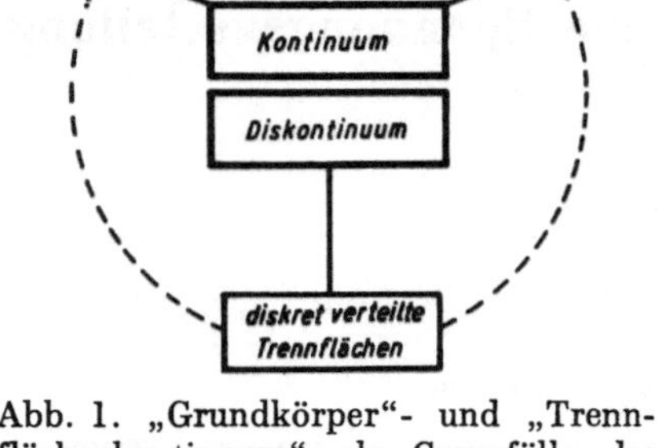

Abb. 1. „Grundkörper"- und „Trennflächenkontinuum" als Grenzfälle des Gebirgs-Diskontinuums
„Grundkörperkontinuum" and „Trennflächenkontinuum" as theoretical cases of the real rock mass
"Continuum des corps principaux" et "continuum des surfaces de séparation" — cas limites du discontinuum des massifs rocheux

der Feldtheorie zwar prinzipiell denkbar, im allgemeinen jedoch sehr schwierig ist.

Zur Abschätzung des Spannungsverlaufs in diesem Kluftkörperverband kann man darum Grenzfälle betrachten, die sich theoretisch leichter behandeln lassen. Die Abb. 1 soll verdeutlichen, daß der Realverband als „Diskontinuum" durch diskret verteilte Trennflächen charakterisiert ist. Geht man von diesem Begriff aus, so sind zwei Grenzfälle eines kontinuierlichen Idealverbandes denkbar. Den ersten erhält man, wenn die Diskontinuitäten, d. h. die Trennflächen, verschwinden, ihr durchschnittlicher Abstand also über alle Grenzen wächst ($K = 0$). Es ergibt sich dann ein „Grundkörper-Kontinuum", dessen mechanisches Verhalten vollkommen den spezifischen Eigenschaften der Grundkörper (Gestein) entspricht (z. B. elastisches, viskoelastisches Kontinuum).

Den anderen Grenzfall erhält man, wenn der mittlere Abstand der Trennflächen voneinander beliebig klein wird, so daß die Diskontinuitäten kontinuierlich, d. h. stetig verteilt sind. Das mechanische Verhalten dieses Körpers ist offenbar nur noch von den Eigenschaften der Trennflächen abhängig, so daß ein solcher Verband als „Trennflächen-Kontinuum" bezeichnet werden soll.

Das mechanische Verhalten realer geologischer Körper wird notwendig zwischen diesen beiden Grenzfällen liegen, wobei man von Fall zu Fall darüber entscheiden

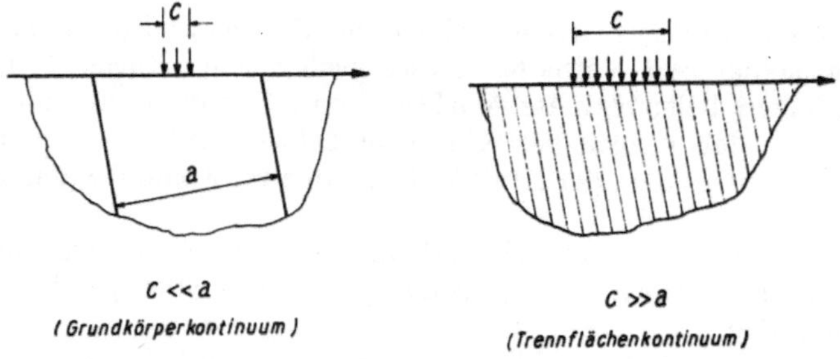

Abb. 2. Relative Zuordnung eines Kluftkörpersystems als Kontinuum
Relative attachment of a jointed rock mass as continuum
Arrangement relatif d'un milieu fissuré en tant que continuum

muß, welchem der genannten zwei Grenzfälle ein bestimmter Realverband nahesteht. Beispielsweise zeigt Abb. 2 eine mögliche Zuordnung, die natürlich im Zusammenhang mit einer gegebenen Belastung oder auch einer gegebenen Hohlraumgröße gesehen werden muß.

Im folgenden sollen am Beispiel des Kluftkörperverbandes mit einer parallelen Kluftschar die Eigenschaften eines entsprechenden Trennflächenkontinuums in einfacher Weise betrachtet werden (Abb. 3).

II. Grundgleichungen

Unter Beschränkung auf den ebenen Verzerrungszustand gelten zunächst unabhängig von der Art des Stoffgesetzes für jeden kontinuierlichen Körper in kartesischen Koordinaten die Gleichgewichtsbedingungen (Volumenkräfte werden vernachlässigt):

$$\frac{\partial \sigma_x}{\partial x} + \frac{\partial \tau}{\partial y} = 0,$$
$$\frac{\partial \tau}{\partial x} + \frac{\partial \sigma_y}{\partial y} = 0. \tag{1}$$

Zur Lösung dieses statisch unbestimmten Problems wird bekanntlich noch eine dritte Gleichung benötigt, die allgemein die mechanischen Eigenschaften des Konti-

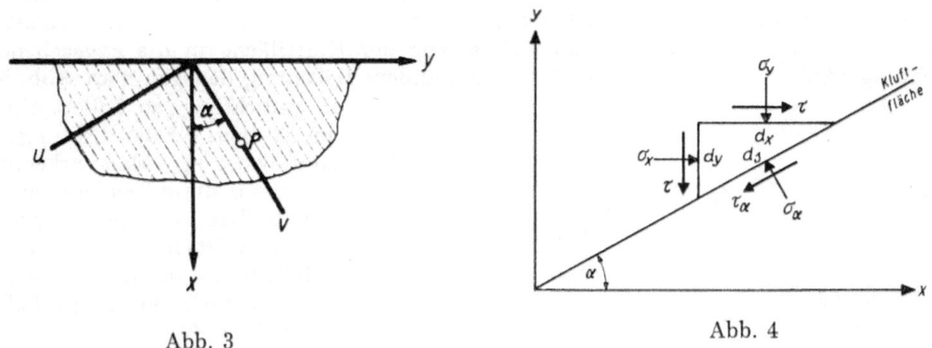

Abb. 3

Abb. 4

Abb. 3. Kluftkörperverband mit einer parallelen Kluftschar
Jointed rock mass with a parallel set of joints
Massif rocheux avec une famille de joints parallèles

Abb. 4. Gleichgewicht in einem Punkt der Kluftfläche
Equilibrium at a point of a joint-plane
Equilibre en un point d'une surface de separation

nuums zum Ausdruck bringt. Im vorliegenden Fall sind diese Eigenschaften durch die stetig verteilte Kluftschar bestimmt*.

Setzt man voraus, daß auf den Kluftflächen Spannungen nur noch infolge Reibung übertragen werden, Kohäsion also nicht vorhanden ist, so liefert im einfachsten Fall das C o u l o m b sche Reibungsgesetz die Beziehung:

$$\tau_\alpha = \overline{\mu}\, \sigma_\alpha \tag{2}$$

mit

$$\overline{\mu} = \tan \varrho \tag{3}$$

---

* Für das zugeordnete elastische Grundkörper-Kontinuum würde als dritte Gleichung bekanntlich gelten:

$$\left(\frac{\partial^2}{\partial x^2} + \frac{\partial^2}{\partial y^2}\right)(\sigma_x + \sigma_y) = 0.$$

wobei ϱ den Reibungswinkel bezeichnet und α das Einfallen der Kluftschar gegen die x-Achse (Abb. 3). Nach Abb. 4 gilt:

$$\sigma_\alpha = \sigma_x \sin^2 \alpha + \sigma_y \cos^2 \alpha - \tau \sin 2\,\alpha,$$

$$\tau_\alpha = \frac{1}{2}\,(\sigma_x - \sigma_y)\sin 2\,\alpha - \tau \cos 2\,\alpha. \tag{4}$$

Setzt man (4) in (2) ein, so folgt:

$$\sigma_y - (\lambda_1 - \lambda_2)\,\tau - \lambda_1\,\lambda_2\,\sigma_x = 0 \tag{5}$$

wobei man die Parameter λ_1 und λ_2 hier in der Form

$$\lambda_1 = \tan \alpha$$

$$\lambda_2 = \frac{1 - \bar{\mu}\,\lambda_1}{\lambda_1 + \bar{\mu}} = \frac{1}{\tan(\alpha + \varrho)} \tag{6}$$

erhält. Die Form (6) setzt wegen (4) den in Abb. 4 angegebenen Richtungssinn von τ_α voraus. Nach Abb. 5 ist dieser Richtungssinn für das eingezeichnete Flächenelement dF gegeben, wenn die äußeren Kräfte z. B. in Richtung der x-Achse wirken und damit versuchen, das Element dF entlang der Kluftfläche in die angegebene Richtung (Abb. 5) zu verschieben. Wirkt die äußere Belastung dagegen nach Abb. 5 in y-Richtung, so ändert sich am Element dF der Richtungssinn von τ_α. Man erkennt für $\tau = 0$ diese Tendenz auch unmittelbar aus (4), indem das Vorzeichen von τ_α davon abhängig ist, ob $\sigma_x > \sigma_y$ oder $\sigma_y > \sigma_x$ gilt*. Im letzten Fall erhält man für λ_2:

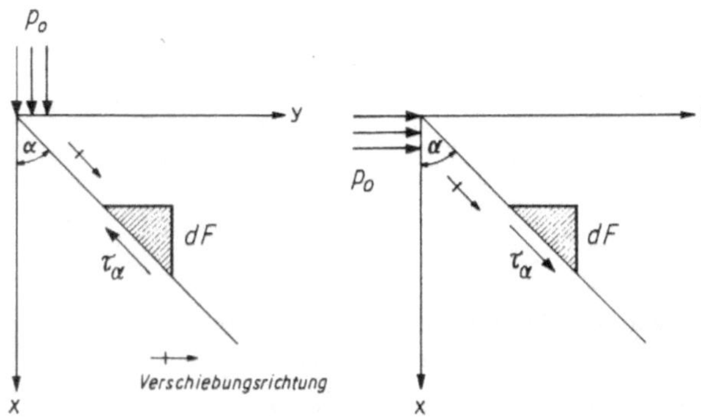

Abb. 5. Richtungssinn von τ_α am Flächenelement dF bei unterschiedlichem Angriff der Kräfte

Direction of τ_α for different directions of loading

Direction de τ_α sur un élément de surface dF pour différents cas de force agissantes

$$\lambda_2 = \frac{1 + \bar{\mu}\,\lambda_1}{\lambda_1 - \bar{\mu}} = \frac{1}{\tan(\alpha - \varrho)}$$

wenn man die Gleichgewichtsbeziehung wiederum in der Form (5) schreibt[4].

Mit (5) ist nun für das vorausgesetzte Trennflächenkontinuum die gesuchte dritte Gleichung zur Bestimmung von σ_x, σ_y, τ gegeben. In bekannter Weise kann man das Gleichungssystem (1) und (5) durch den Ansatz ($F =$ Airysche Spannungsfunktion):

$$\sigma_y = \frac{\partial^2 F}{\partial x^2};\ \tau = -\frac{\partial^2 F}{\partial x\,\partial x};\ \sigma_x = \frac{\partial^2 F}{\partial y^2} \tag{7}$$

vereinfachen, der (1) identisch erfüllt. Mit (7) ergibt (5) für $F(x,y)$ die Differentialgleichung:

$$\frac{\partial^2 F}{\partial x^2} + (\lambda_1 - \lambda_2)\,\frac{\partial^2 F}{\partial x\,\partial y} - \lambda_1\,\lambda_2\,\frac{\partial^2 F}{\partial y^2} = 0. \tag{8}$$

---

* In Analogie zur Bodenmechanik könnte man diese beiden Fälle als „aktiven" und „passiven" Zustand bezeichnen.

Diese Differentialgleichung ist vom hyperbolischen Typ, weil die zugehörige charakteristische Gleichung

$$y'^2 - (\lambda_1 - \lambda_2)\, y' - \lambda_1\,\lambda_2 = 0 \tag{9}$$

zwei Scharen reeller Charakteristiken bestimmt, die hier Gerade sind

$$\begin{aligned} y &= \lambda_1\, x + \text{const}, \\ y &= \lambda_2\, x + \text{const} \end{aligned} \tag{10}$$

und deren Neigungen gegen die x-Achse durch λ_1 und λ_2 festgelegt sind (Abb.6).

Zur Erläuterung wird ein Punkt der Kluftfläche mit den zugeordneten Hauptspannungsrichtungen σ_1 und σ_2 betrachtet, wobei $\sigma_1 > \sigma_2$ sein soll und β den Winkel zwischen der ersten Hauptrichtung und der Kluftfläche bezeichnet. Die Abb. 6

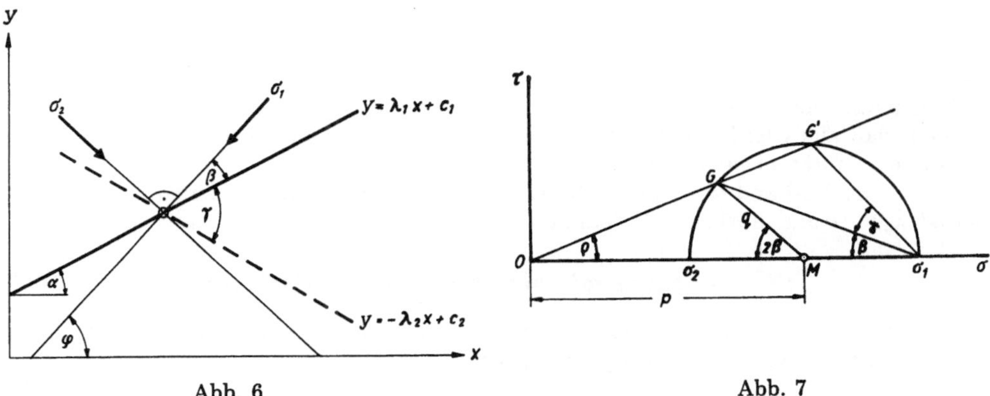

Abb. 6   Abb. 7

Abb. 6. Hauptnormalspannungsrichtungen und Charakteristiken in einem Punkt der Kluftfläche

Principal stress axes and characteristics at a point of a joint-plane

Directions des contraintes principales et caractéristiques en un point d'une surface de fissuration

Abb. 7. M o h r scher Spannungskreis für einen Punkt der Kluftfläche

M o h r s' circle of stress at a point of a joint-plane

Cercle de M o h r pour un point d'une surface de fissuration

zeigt ferner die zweite, durch λ_2 festgelegte Charakteristikenrichtung, die mit der Kluftrichtung den Winkel γ einschließt. Aus dem zugehörigen M o h r schen Spannungskreis (Abb. 7) ist zu erkennen, daß die Gerade $\tau = \mu\sigma$ den Kreis in zwei Punkten schneidet, durch die in bezug auf σ_1 die Winkel β und γ, d. h die Richtungen der Charakteristiken, bestimmt sind. Man sieht leicht, daß für $\mu > 0$ stets $\gamma < \dfrac{\pi}{2}$ ist. Ferner läßt Abb. 7 erkennen, daß mit kleiner werdendem β auch σ_2 abnimmt. Ist speziell $\beta = 0$, d. h. $\varphi = \alpha$, wirkt also σ_1 in Kluftrichtung, so gilt stets $\sigma_2 = 0$.

III. Spannungszustand infolge Eigengewicht

Bildet die y-Achse die Oberfläche des Halbraumes (Abb. 3) und wirkt in x-Richtung die Schwerkraft, so hat die erste Gleichgewichtsbedingung (1) die Form

$$\frac{\partial \sigma_x}{\partial x} + \frac{\partial \tau}{\partial y} = \bar{\gamma}$$

und als Lösung erhält man die Spannungskomponenten

$$\sigma_x = \bar{\gamma}\,x,$$
$$\sigma_y = \lambda_1\,\lambda_2\,\bar{\gamma}\,x = \lambda_0\,\bar{\gamma}\,x, \tag{11}$$
$$\tau = 0.$$

Der horizontale „Ruhedruck" ist also durch λ_0, d. h. nach (6), durch

$$\lambda_0 = \frac{\tan \alpha}{\tan (\alpha + \varrho)} \leqq 1 \tag{12}$$

gemäß (11) bestimmt. Da σ_x und σ_y nur Druckspannungen sein können, folgt, daß

$$0 \leqq \alpha < \frac{\pi}{2} - \varrho$$

gelten muß. Diese Forderung ist anderseits wegen $\lambda_1 = \tan \alpha > 0$ auch so zu verstehen, daß aus Gleichgewichtsgründen die gemäß (10) festgelegte Charakteristikenrichtung λ_2 nicht negativ werden darf.

Gilt im Verband $a = 0$, d. h die Klüfte sind parallel zur vertikalen x-Richtung, so ist $\lambda_0 = 0$ und horizontale Spannungskomponenten treten nicht auf.

IV. Halbraum mit beliebiger Randbelastung

Die Gl. (8) ist für $\lambda_1 = $ const. und $\lambda_2 = $ const. leicht in allgemeiner Form lösbar und liefert allgemein die Spannungen*[4]:

$$\sigma_x = H_1\,(y - \lambda_1\,x) + H_2\,(y + \lambda_2\,x),$$
$$\tau = \lambda_1 \cdot H_1\,(y - \lambda_1\,x) - \lambda_2 \cdot H_2\,(y + \lambda_2\,x), \tag{13}$$
$$\sigma_y = \lambda_1^2 \cdot H_1\,(y - \lambda_1\,x) + \lambda_2^2 \cdot H_2\,(y + \lambda_2\,x)$$

mit den willkürlichen Funktionen H_1 und H_2.

Ist für den Halbraum $x > 0$ am Rande $x = 0$ allgemein die Randbelastung

$$\overset{0}{\sigma}_x = p\,(y),$$
$$\overset{0}{\tau} = q\,(y) \tag{14}$$

vorgegeben, so erhält man für H_1 und H_2[4]:

$$H_1\,(y - \lambda_1\,x) = \frac{\lambda_2 \cdot p\,(y - \lambda_1\,x) + q\,(y - \lambda_1\,x)}{\lambda_1 + \lambda_2},$$
$$H_2\,(y + \lambda_2\,x) = \frac{\lambda_1 \cdot p\,(y + \lambda_2\,x) - q\,(y + \lambda_2\,x)}{\lambda_1 + \lambda_2}. \tag{15}$$

Die Lösung (13) läßt im allgemeinen erkennen, daß die Spannungen stets in zwei Anteile nach $H_1\,(y - \lambda_1 x)$ und $H_2\,(y + \lambda_2 x)$ zerlegt werden können. Der erste Anteil zeigt, daß sich wegen (10) die Spannungen längs der Geraden

$$\eta_1 = y - \lambda_1\,x = \text{const}$$

---

* Ohne Berücksichtigung der Schwerkraft.

ausbreiten und dort konstant sind. Diese Geraden fallen aber mit der Kluftrichtung zusammen. Der andere Lösungsanteil H_2 bestimmt die Spannungen entlang der Geraden

$$\eta_2 = y + \lambda_2\, x = \text{const}$$

deren Neigung gegen die x-Achse durch λ_2 festgelegt ist und bleibt dort ebenfalls konstant.

Sind die Randwerte $p\,(y)$ und $q\,(y)$ nicht längs der ganzen y-Achse, sondern nur an einem Intervall

$$-c \leqq y \leqq +c$$

vorgegeben, so gelten beide Lösungsanteile H_1 und H_2 jeweils nur in den beiden Streifen, die durch

$$\begin{aligned} y &= \lambda_1\, x \pm c, \\ y &= -\lambda_2\, x \pm c \end{aligned} \qquad (16)$$

begrenzt sind. Die in $|y| \leqq |c|$ vorgegebenen Randwerte legen somit die Spannungsverteilung nur zwischen den Charakteristiken fest, die dieses Intervall schneiden. Die

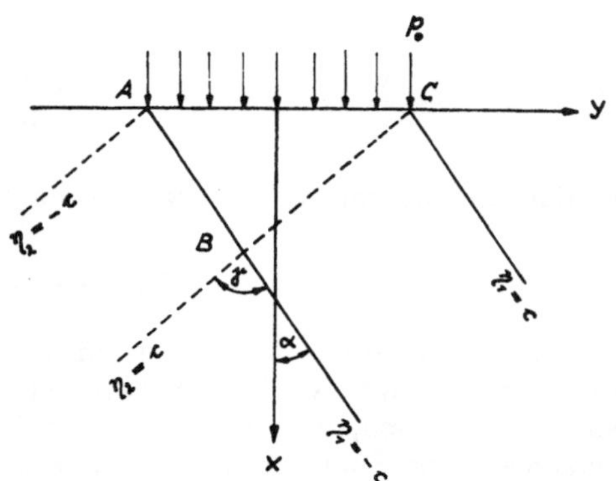

Abb. 8. Kluftkörperverband mit gleichmäßiger Randnormalbelastung für $-c \leqq y \leqq +c$

Half-space of a jointed rock mass with a given constant loading for $-c \leqq y \leqq +c$

Massif fissuré soumis à des efforts constants, appliqués aux limites pour $-c \leqq y \leqq +c$

Randbelastung $p\,(y)$ und $q\,(y)$ breitet sich demnach zwischen diesen beiden durch (16) festgelegten Streifen, d. h. in zwei Richtungen aus, deren eine mit der Kluftrichtung zusammenfällt, während die andere die Klüfte nach Abb. 6 unter einem Winkel γ schneidet, für den

$$\tan \gamma = \frac{1}{\tan \varrho} = \frac{1}{\mu} \qquad (17)$$

gilt. Also stehen beide Richtungen im allgemeinen für $\varrho > 0$ nicht senkrecht aufeinander.

Als einfaches Beispiel sollen abschließend die Randbedingungen (Abb. 8)

$$\begin{aligned} p\,(y) &= p_0 \\ q\,(y) &= 0 \end{aligned} \qquad (18)$$

für $-c \leqq y \leqq +c$ betrachtet werden. Im Streifen $y - \lambda_1 x = \text{const.}$ lauten die Spannungen:

$$\begin{aligned} \sigma_x &= \frac{\lambda_2}{\lambda_1 + \lambda_2}\, p_0 \\[4pt] \sigma_y &= \frac{\lambda_1{}^2 \lambda_2}{\lambda_1 + \lambda_2}\, p_0 \\[4pt] \tau &= \frac{\lambda_1 \lambda_2}{\lambda_1 + \lambda_2}\, p_0 \end{aligned} \qquad (19)$$

und im Streifen $y + \lambda_2 x = \text{const.}$

$$\begin{aligned} \sigma_x &= \frac{\lambda_1}{\lambda_1 + \lambda_2}\, p_0 \\[4pt] \sigma_y &= \frac{\lambda_1 \lambda_2{}^2}{\lambda_1 + \lambda_2}\, p_0 \\[4pt] \tau &= \frac{\lambda_1 \lambda_2}{\lambda_1 + \lambda_2}\, p_0 \end{aligned} \qquad (20)$$

Im sogenannten „Abhängigkeitsbereich" ABC nach Abb. 8* erhält man die Spannungen durch Superposition von (19) und (20) zu

$$\sigma_x = p_0$$
$$\sigma_y = \lambda_1 \lambda_2 \, p_0$$
$$\tau = 0$$

so daß dort σ_x und σ_y wie erwartet Hauptspannungen sind.

V. Zusammenfassung

1. Die Klüftung des Felsens führt zu einer „mechanischen Anisotropie", durch die — wie bereits M ü l l e r betont hat — der Kraftfluß zerteilt wird. Die Untersuchungen zeigen, daß diese Anisotropie-Richtungen unter den genannten Voraussetzungen eine Funktion der mechanischen und der geometrischen Eigenschaften der Trennflächen sind und daß beide Richtungen im allgemeinen nicht aufeinander senkrecht stehen. Je geringer die Reibung auf den Kluftflächen wird, desto mehr nähert sich das anisotrope Verhalten dem „orthotropen Grenzfall".

2. Jede Belastung des Halbraumes erzeugt aus Gleichgewichtsgründen stets auch horizontale Spannungskomponenten, sofern die Kluftflächen nicht senkrecht einfallen.

3. Diese Eigenschaften des Trennflächen-Kontinuums sind mathematisch durch ein Anfangswertproblem charakterisiert, während z. B. bei einem (isotropen oder anisotropen) elastischen Grundkörper-Kontinuum ein Randwertproblem vorliegt.

4. Eine ausreichende Widerstandsfähigkeit des Kluftkörperverbandes ist im allgemeinen gegeben, wenn in diesem Verband keine Zugspannungen auftreten (geschlossene Klüfte) und wenn die stets vorhandenen horizontalen Kraftkomponenten aufgenommen werden können, so daß kein Gleiten entlang der Trennflächen einsetzt.

5. Mit dem vorliegenden Beitrag wurde der Versuch unternommen, einfache Eigenschaften des Gebirgsdiskontinuums auf der Grundlage der Kontinuumsmechanik darzustellen.

Literatur

[1] M ü l l e r , L.: Der Felsbau. (Erster Band.) Ferdinand-Enke-Verlag, Stuttgart 1963.

[2] M ü l l e r , L.: Das Kräftespiel im Untergrund von Talsperren. Geologie und Bauwesen *26* (1961), Heft 3, S. 142—151.

[3] C l a r , E.: Gefüge und Verhalten von Felskörpern in geologischer Sicht. Felsmechanik und Ingenieurgeologie *1* (1963), Heft 1, S. 4—15.

[4] D ö r i n g , T.: Das Gleichgewicht zerklüfteter Gebirgskörper mit einer parallelen Kluftschar. Felsmechanik und Ingenieurgeologie *3* (1965), Heft 2.

---

* Auch „Bestimmtheitsbereich" der jeweiligen Lösung genannt.

Entwurf einer neuen Methode zur Messung der Veränderungen des Gebirgsdruckes mittels Radiowellen

Von

Stanislav Dokoupil, Jurij Karpinský und **Milan Kašpar***

Mit 8 Textabbildungen

Zusammenfassung — Summary — Résumé

Entwurf einer neuen Methode zur Messung der Veränderungen des Gebirgsdruckes mittels Radiowellen. Wie zahlreiche Laborversuche erwiesen haben, sind die elektrischen Konstanten der Gesteine von den Druckverhältnissen abhängig. Daraus entwickeln die Verfasser ein neues Meßverfahren, das besonders für den Bergbau Bedeutung gewinnen kann. Die Änderungen in einem künstlich erregten elektromagnetischen Hochfrequenzfeld zeigen Veränderungen in den Druckverhältnissen innerhalb eines größeren Bereichs an, als es die herkömmlichen Meßmethoden mit Gebern ermöglichen. Es wird gezeigt, wie die Änderung der Dielektrizitätskonstante und der Leitfähigkeit entsprechende Änderungen der Fortpflanzungskonstante der elektromagnetischen Wellen bewirkt und wie man aus der Genauigkeit der Dämpfungsmessung ein Maß für die Druckänderungen im Gebirge abschätzen kann.

Proposal for a New Method for Measuring the Variations of Rock Pressure by Means of Radio Waves. The electric constants of rocks are dependent upon the pressure conditions as proved by numerous laboratory tests. From this the authors have derived a new measuring method which can become specially important in mining. The variations in an artificially excited electromagnetic field of high frequency reflect variations in the pressure conditions within a larger range than can be obtained by conventional measuring methods. It is shown how the variation of the dielectricity constant and of the conductivity cause corresponding variations of the propagation constant of electromagnetic waves. The change of pressure in the rock can be estimated based upon the accuracy of damping measurements.

Méthode radiotechnique pour mesurer les changements de l'état de compression dans les roches. On propose une méthode consistant à mesurer les changements de l'état de compression dans les roches à l'aide des changements d'un champ électromagnétique provoqués par la relation entre la tension et les constantes électriques des roches. La relation entre ces constantes et les contraintes dans les roches a été étudiée. Les variations des constantes de diffusion des ondes électromagnétiques dans les roches, dépendant du changement de la constante diélectrique et de la conductibilité, ont été évaluées. On signale les possibilités de mesurer et d'indiquer des changements de contrainte dans les roches. La précision obtenue en mesurant l'atténuation nous a permis d'évaluer ces variations.

1. Einleitung

Die zuverlässige Anzeige und Messung von Veränderungen in den Gebirgs-druckverhältnissen ist für den Bergbau von großer Bedeutung. Die heute üblichen Meßmethoden ergeben entweder Spannungswerte oder messen die unter der Ein-

---

* Stanislav D o k o u p i l, Institut für Radiotechnik und Elektronik der Tschechoslo-wakischen Akademie der Wissenschaften in Prag, Jurij K a r p i n s k ý, dgl., Milan K a š p a r vom Institut für Erzforschung in Prag.

wirkung der Kräfte eintretenden Deformationen, beides aber nur für den unmittelbaren Bereich der Meßgeber bzw. Meßstreifen. Um einen größeren Gebirgsbereich zu erfassen, muß man daher entsprechend zahlreiche Meßstellen einrichten.

Nun ist aber aus Laborversuchen bekannt, daß die spezifische Leitfähigkeit der Gesteine und ihre Dielektrizitätskonstante abhängig von den aufgebrachten Druckverhältnissen sind. Veränderungen der Fortpflanzungskonstanten bzw. der Dämpfungskonstanten und der Phasenkonstanten können sehr genau mittels radiotechnischer Methoden gemessen werden. Daraus wird im nachfolgenden ein neues Verfahren entwickelt, weil man aus den Veränderungen eines künstlich erregten elektromagnetischen Hochfrequenzfeldes, das sich in dem zu untersuchenden Gebirgsbereich fortpflanzt, auf Änderungen der Druckverhältnisse schließen und sie in ihrer Größe abschätzen kann. Es wird allerdings dabei vorausgesetzt, daß sich die bisher

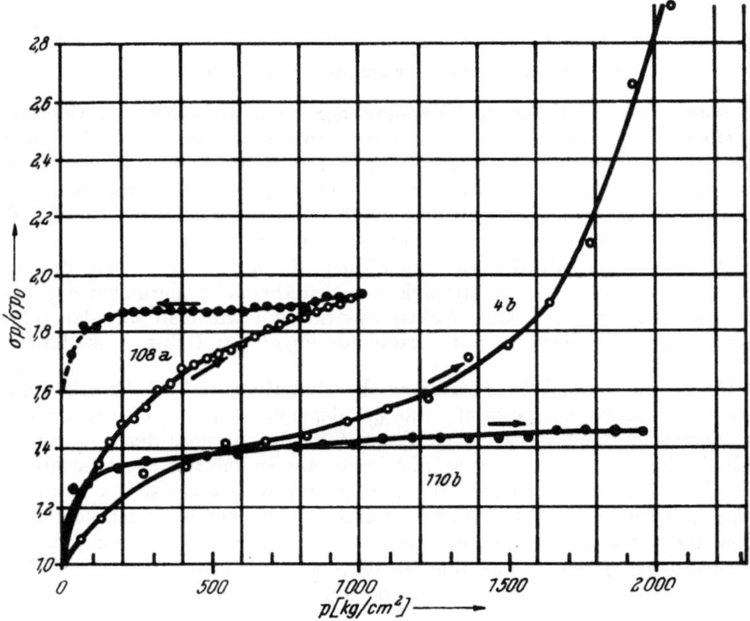

Abb. 1. Abhängigkeit der relativen spezifischen Leitfähigkeit σ_p/σ_{p_0} von einseitigem Druck bei $f = 1,0$ MHz für Granit (Probe 4 b — Cínovec), Magnesit (Probe 108 a — Lubeník) und Diabas (Probe 110 b — Příbram)

Dependence of the relative specific conductivity σ_p/σ_{p_0} upon the unilateral pressure at $f = 1.0$ MHz for granite (specimen 4 b — Cínovec), magnesite (specimen 108 a — Lubeník), and diabase (specimen 110 b — Příbram)

Relation entre la conductibilité relative σ_p/σ_{p_0} et la pression unilatérale pour $f = 1.0$ Mc/s pour granite (échantillon 4 b — Cínovec), magnésite (échantillon 108 a — Lubeník) et diabase (échantillon 110 b — Příbram)

nur im Labor gemachten Beobachtungen und die daraus gewonnenen Erkenntnisse auf das Gebirge in situ übertragen lassen, zunächst zweckmäßig als Ergänzung der herkömmlichen Meßmethoden und im Vergleich der beiderseitigen Meßergebnisse.

Die hier verwendeten Begriffe Fortpflanzungskonstante, Dämpfungskonstante, Phasenkonstante entsprechen den Ausdrücken „propagation constant", „attenuation constant", „phase constant" bei Stratton[8]. Der sonst übliche Ausdruck „Absorptionskoeffizient" ist etwas abweichend davon definiert und sei deshalb vermieden.

2. Die Druckabhängigkeit der Elektrizitätskonstanten der Gesteine

Die Laboratoriumsmessungen der Dielektrizitätskonstante und der spezifischen Leitfähigkeit von Gesteinsproben in Abhängigkeit vom Druck, die bei verschiedenen Frequenzen durchgeführt wurden, zeigen[7, 10, 11], daß beide Größen mit zunehmendem Druck ansteigen. Die Abhängigkeit ist besonders im Druckbereich von 0—500 kg/cm² sehr deutlich; bei gewissen Gesteinen erreicht die Veränderung bis 100 %, bei anderen liegt sie in der Größenordnung von einigen zehn Prozent des Ausgangswertes.

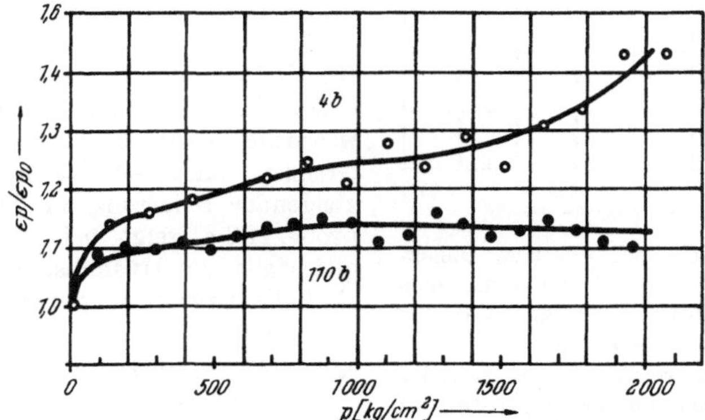

Abb. 2. Abhängigkeit der relativen Dielektrizitätskonstanten $\varepsilon_p/\varepsilon_{p_0}$ vom einseitigen Druck bei $f = 1{,}0$ MHz für Granit (Probe 4 b — Cínovec) und Diabas (Probe 110 b — Příbram)
Dependence of the relative of dielectricity constant $\varepsilon_p/\varepsilon_{p_0}$ upon the unilateral pressure at $f = 1.0$ MHz for granite (specimen 4 b — Cínovec) and diabase (specimen 110 b — Příbram)
Relation entre la constante diélectrique relative $\varepsilon_p/\varepsilon_{p_0}$ et la pression unilatérale pour $f = 1.0$ Mc/s pour granite (échantillon 4 b — Cínovec) et diabase (échantillon 110 b — Příbram)

Steigerung des Druckes über die angeführte Grenze hinaus verändert die Werte der elektrischen Konstanten der Gesteine nur wenig; Senkung des Druckes läßt in einer Hysterese die gemessenen Werte langsamer sinken, als es den bei Drucksteigerung gewonnenen Werten entsprechen würde.

Die Laboratoriumsmessungen der Druckabhängigkeit der elektrischen Konstanten von Gesteinen wurden im Prager Institut für Erzforschung durchgeführt, die Elektrizitätskonstanten an einem Verlustfaktormesser (Tesla BM 271) ermittelt, und zwar an Proben mit Kupferbelägen, die die Elektroden des zwischen Aufsätzen aus Isoliermaterial angeordneten Kondensators bildeten. Die Druckveränderungen im Bereich von 0—1500 kg/cm² wurden auf einer großen hydraulischen Presse (bis 300 t) im Laboratorium für theoretische und angewandte Mechanik der Gesteine im Bergbauinstitut der Tschechoslowakischen Akademie der Wissenschaften erzielt. Gemessen wurden einige Diabas- und Grauwacke-Proben aus den Příbramer Gruben sowie mehrere Proben, die seinerzeit für die Ermittlung der Frequenzabhängigkeit der Leitfähigkeit und der Dielektrizitätskonstante abgenommen wurden[2].

In den Abb. 1—3 sind die Werte der Leitfähigkeit und der Dielektrizitätskonstante in Abhängigkeit vom einseitigen Druck bei der Frequenz 1 MHz aufgetragen. Die Werte der Leitfähigkeit sind im Verhältnis σ_p/σ_{p_0}, die Werte der Dielektrizitätskonstante im Verhältnis $\varepsilon_p/\varepsilon_{p_0}$ verarbeitet. Für σ_{p_0} und ε_{p_0} wurde die erste Stufe des Belastungszyklus 0,1 t (1,5—3 kg/cm²) genommen, bei der ein guter Kontakt zwischen den Elektroden und der Probe gewährleistet ist, so daß der Einfluß des Luftspalts auf die Anfangskapazität gesenkt war. Die ermittelte Abhängigkeit der spezifischen Leitfähigkeit vom einseitigen Druck bewegt sich bei verschiedenen Gesteinsproben in den Grenzen von 40—100 % und erreicht ausnahmsweise 180 %; bei einigen Proben liegt dieser Wert unter der angeführten Grenze. Durch die Laboratoriumsmessungen wurde bestätigt, daß sich die Leitfähigkeit mit zunehmendem Druck erhöht und nach einem anfänglichen schnellen Anstieg bei höherer Belastung beinahe konstant bleibt. Bei der Granitprobe 4 b (in Abb. 1) wurde anscheinend schon die Festigkeitsgrenze überschritten, bei der Magnesitprobe 108 a ist eine hohe Hysterese zu beobachten. In den Abb. 2 und 3 ist die Veränderung der Dielektrizitätskonstante für die gleichen Gesteinsproben veranschaulicht. Sie ist bei einseitigem Druck wesentlich geringer, bewegt sich in den Grenzen von 10—40 % und nimmt mit steigender Belastung zu. Die Magnesitprobe 108 a zeigt bei der Entlastung gleichfalls die Hysterese (Abb. 3). Dies sind die Ergebnisse der ersten Messungen, die in der weiteren Forschungsetappe systematisch fortgesetzt werden.

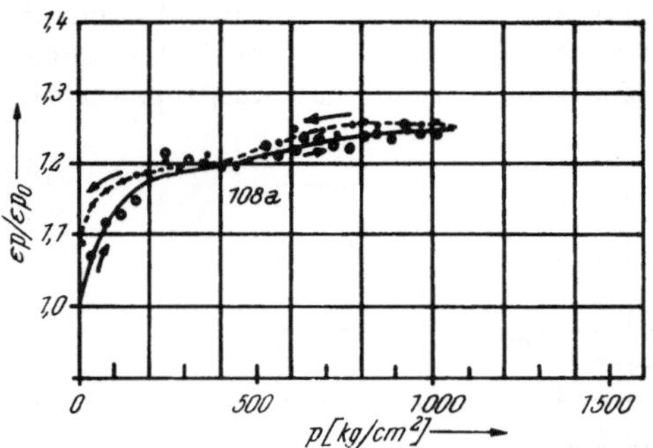

Abb. 3. Abhängigkeit der relativen Dielektrizitätskonstanten σ_p/σ_{p_0} vom einseitigen Druck bei $f = 1{,}0$ MHz für Magnesit (Probe 108 a — Lubeník)

Dependence of the relative of dielectricity constant σ_p/σ_{p_0} upon unilateral pressure of $f = 1.0$ MHz for magnesite (specimen 108 a — Lubeník)

Relation entre la constante diélectrique relative σ_p/σ_{p_0} et la pression unilatérale pour $f = 1.0$ Mc/s pour magnésite (échantillon 108 a — Lubeník)

Die festgestellte Hysterese berechtigt zu der Annahme, daß die elektrischen Eigenschaften der Gesteinsproben nur indirekt vom Druck abhängig sind und daß sie eng mit der Deformation der Proben zusammenhängen. Es ist deshalb notwendig, Laboratoriumsuntersuchungen verschiedener Gesteinsproben unter gleichzeitiger Messung der Deformation durchzuführen. Die Feststellung, ob die elektrischen Eigenschaften überwiegend eine Funktion der Deformation sind, wird für die Anwendung der vorgeschlagenen Methoden besonders in solchen Fällen wichtig sein, in denen dem Druckanstieg eine Entlastung folgt oder umgekehrt.

3. Druckabhängige Veränderungen der Fortplanzungskonstanten elektromagnetischer Wellen in Gesteinen

Aus der Theorie des elektromagnetischen Feldes ist bekannt, daß die Fortpflanzungskonstanten elektromagnetischer Wellen im leitenden Medium von den elektrischen Konstanten dieses Mediums abhängig sind[8]; aus der Druckabhängigkeit der elektrischen Konstanten geht dann die Druckabhängigkeit der Fortpflanzungskonstanten hervor.

Für die Dämpfungskonstante gilt im Frequenzbereich, in dem $\sigma/\varepsilon\,\omega \ll 1$ ist und Verschiebungsströme überwiegen[8], nachstehende Beziehung

$$\beta = \frac{1}{2}\,\sigma\sqrt{(\mu/\varepsilon)'},\tag{3.1}$$

hierin bedeuten:
β = Dämpfungskonstante (Neper/m),
σ = spezifische Leitfähigkeit ($\Omega^{-1}\,\mathrm{m}^{-1}$),
$\mu = \mu_r\,\mu_0$ = Permeabilität (H/m),
$\varepsilon = \varepsilon_r\,\varepsilon_0$ = Dielektrizitätskonstante (F/m).

Im weiteren sei vorausgesetzt, daß $\mu_r = 1$; die Permeabilität eines solchen Mediums ist nur wenig vom Druck abhängig. Die Abhängigkeit der Dämpfungskonstante von der Leitfähigkeit und der Dielektrizitätskonstante sei in einer Form ausgedrückt, die für die Beurteilung der Empfindlichkeit der vorgeschlagenen Methode geeignet ist. Logarithmiert und differenziert gibt Gl. (3.1)

$$\Delta \beta/\beta = \Delta \sigma/\sigma - \frac{1}{2}\Delta \varepsilon/\varepsilon. \tag{3.2}$$

Die Gl. (3.2) zeigt die relative Veränderung der Dämpfungskonstante in Abhängigkeit von den relativen Veränderungen der Elektrizitätskonstanten der Gesteine. Mit ihrer Hilfe können aus den im Laboratorium gemessenen Größen σ und ε Veränderungen der Dämpfung in Abhängigkeit vom Druck bestimmt werden.

Die im Laboratorium festgestellten Veränderungen der Elektrizitätskonstanten haben die gleiche Richtung; beide Größen nehmen mit steigendem Druck zu. Nach der Gl. (3.2) wirken also die Veränderungen beider Größen gegeneinander, so daß sie sich bis zu einem gewissen Grad kompensieren. Es kann vorausgesetzt werden, daß diese Kompensation im allgemeinen nur eine teilweise ist, die lediglich in Ausnahmefällen eine praktisch völlige Unabhängigkeit der Dämpfung vom Druck verursachen kann ($\Delta \beta/\beta \doteq 0$).

Für die Phasenkonstante im gleichen Frequenzbereich gilt

$$a = \omega \sqrt{(\varepsilon\mu)'}, \tag{3.3}$$

woraus sich für die relativen Veränderungen ergibt

$$\Delta a = \frac{1}{2}\Delta \varepsilon/\varepsilon. \tag{3.4}$$

In dem erwogenen Frequenzbereich ist die Veränderung der Phasenkonstante nur von der Veränderung der Dielektrizitätskonstante abhängig. Der Einfluß der Veränderungen der Leitfähigkeit wurde schon in der Gl. (3.3) vernachlässigt.

Aus dem Vergleich von (3.2) und (3.4) geht hervor, daß in gewissen Fällen die relative Veränderung der Phasenkonstante deutlicher sein kann als die relative Veränderung der Dämpfung.

Um die Geschwindigkeit der relativen Veränderung der einzelnen Größen bei Steigerung des Druckes zu charakterisieren, sei

der Druckkoeffizient der spezifischen Leitfähigkeit $k_\sigma = \dfrac{\Delta \sigma/\sigma}{\Delta p}$,   (3.5)

der Druckkoeffizient der Dielektrizitätskonstante $k_\varepsilon = \dfrac{\Delta \varepsilon/\varepsilon}{\Delta p}$,   (3.6)

der Druckkoeffizient der spezifischen Dämpfung $k_\beta = \dfrac{\Delta \beta/\beta}{\Delta p}$,   (3.7)

der Druckkoeffizient der Phasenkonstante $k_a = \dfrac{\Delta a/a}{\Delta p}$.   (3.8)

Diese Koeffizienten drücken die relative Veränderung der entsprechenden Größe bei der Drucksteigerung um 1 at (1 kg/cm²) aus. Aus den Definitionsgleichungen (3.5) bis (3.8) und aus den Gln. (3.2) und (3.4) ergeben sich

$$k_\beta = k_\sigma - \frac{1}{2}k_\varepsilon, \tag{3.9}$$

$$k_a = \frac{1}{2}k_\varepsilon. \tag{3.10}$$

Die Koeffizienten k_σ und k_ε werden nach (3.5) und (3.6) unschwer aus den Diagrammen des gemessenen Verlaufs von σ_p/σ_{p_0} und $\varepsilon_p/\varepsilon_{p_0}$ gewonnen.

Als Beispiel sind auf den Abb. 4—6 für Diabas (Probe 110 c — Příbram) die Druckabhängigkeiten σ_p/σ_{p_0}, $\varepsilon_p/\varepsilon_{p_0}$, k_ε, k_β, k_σ und k_α bei der Frequenz 1 MHz aufgetragen.

Da die prozentualen Veränderungen σ, $\dot{\varepsilon}$ in Abhängigkeit von Druck in dem erwogenen Beispiel verhältnismäßig klein sind, ergeben sich auch für die Koeffizienten k_σ, k_ε und die hieraus ermittelten Koeffizienten k_β, k_α niedrigere Werte. Bei Gesteinen, bei denen diese prozentuale Veränderung in Abhängigkeit vom Druck deutlicher sein wird, darf man auch mit höheren Werten der Koeffizienten rechnen.

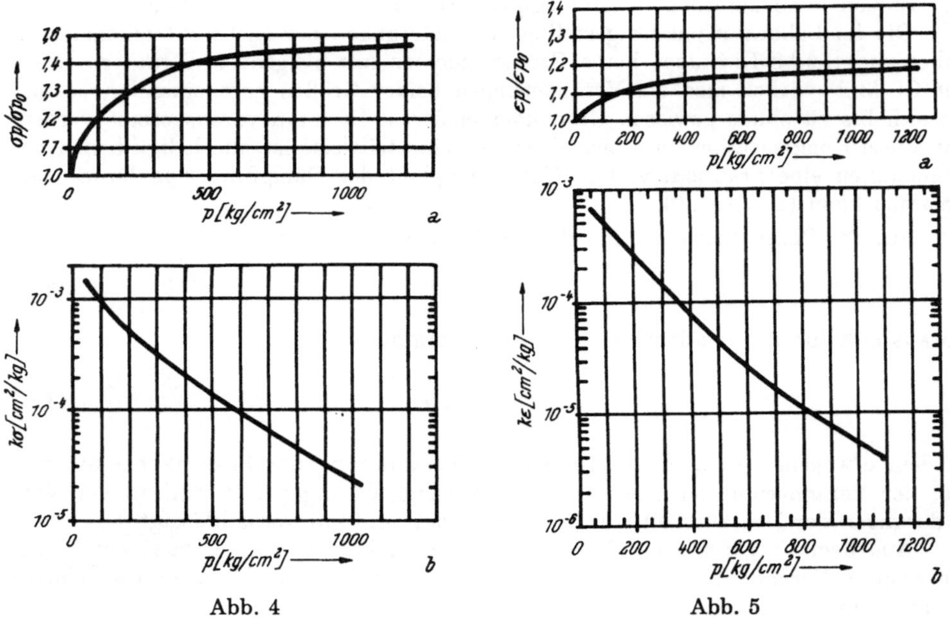

<table>
<tr><td style="text-align:center">Abb. 4</td><td style="text-align:center">Abb. 5</td></tr>
</table>

Abb. 4 a. Idealisierter Verlauf von σ_p/σ_{p_0} in Abhängigkeit vom Druck bei $f = 1{,}0$ MHz für Diabas (Probe 110 c — Příbram)

Idealized epattern of σ_p/σ_{p_0} dependent on the pressure at $f = 1.0$ MHz for diabase (specimen 110 c — Příbram)

Courbe idéalisée σ_p/σ_{p_0} dépendant de la pression $f = 1.0$ Mc/s pour diabase (échantillon 110 c — Příbram)

Abb. 4 b. Druckabhängigkeit des Koeffizienten k_σ nach der aus Abb. 4 a abgeleiteten Gl. (3.5)

Dependence of pressure of the coefficient k_σ according to equation (3.5), derived from Fig. 4 a

Dépendance du coefficient k_σ et de la pression selon (3.5) déduite de la Fig. 4 a

Abb. 5 a. Idealisierter Verlauf von $\varepsilon_p/\varepsilon_{p_0}$ in Abhängigkeit vom Druck bei $f = 1{,}0$ MHz für Diabas (Probe 110 c — Příbram)

Idealized pattern of $\varepsilon_p/\varepsilon_{p_0}$ dependent on the pressure at $f = 1.0$ MHz for diabase (specimen 110 c — Příbram)

Courbe idéalisée $\varepsilon_p/\varepsilon_{p_0}$ dépendant de la pression pour $f = 1.0$ Mc/s pour diabase (échantillon 110 c — Příbram)

Abb. 5 b. Druckabhängigkeit des Koeffizienten k_ε nach der aus Abb. 5 a abgeleiteten Gl. (3.6)

Dependence of pressure of the coefficient k_ε according to equation (3.6) derived from Fig. 5 a

Dépendance du coefficient k_ε et de la pression (3.6) déduite de la Fig. 5 a

Durch die Messung einer ausreichenden Anzahl von Proben wird es möglich sein, die typischen Verläufe für σ_p/σ_{p_0} und $\varepsilon_p/\varepsilon_{p_0}$ und ihre Kombination zu bestimmen und für sie dann vollkommen analog den Abb. 4—6 die typischen Verläufe von k_σ, k_ε, k_β und k_α zu finden.

4. Die Möglichkeiten der Anzeige und Messung der Veränderungen des Gebirgsdrucks durch radiotechnische Methoden

Die Veränderungen der Fortpflanzungskonstanten bei Druckveränderungen können als Veränderungen der Übertragungseigenschaften einer festen Trasse beobachtet werden, die durch den zu messenden Raum geht. Die grundsätzliche Anordnung für eine radiotechnische Messung der Veränderungen des Gebirgsdruckes aus den Veränderungen der Dämpfung[3] ist in Abb. 7 veranschaulicht. Der Sender V strahlt ein

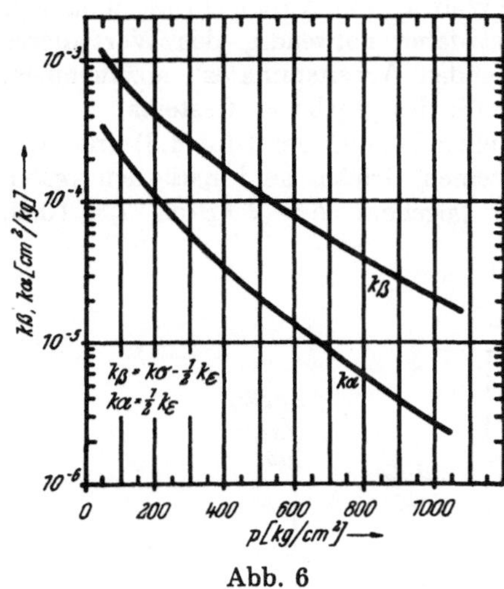

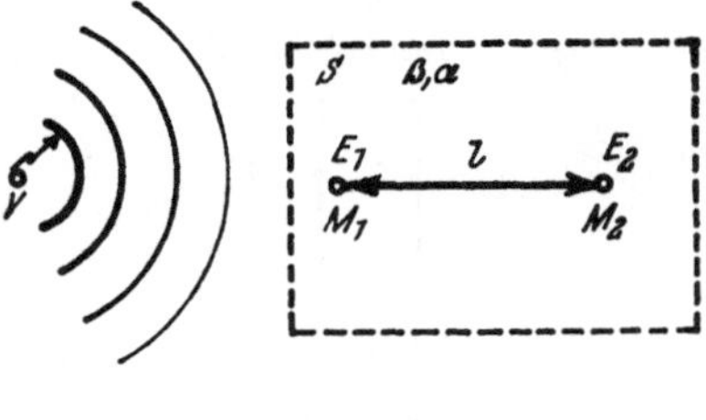

Abb. 6   Abb. 7

Abb. 6. Druckabhängigkeit der Druckkoeffizienten k_β und k_α, abgeleitet aus Abb. 4 b und 5 b

Dependence of pressure of the pressure coefficients k_β and k_α, derived from Fig. 4 b and 5 b

Relation entre les coefficients k_β, k_α et la pression déduite des Fig. 4 b et 5 b

Abb. 7. Grundlegende Anordnung für die Messung der Dämpfungsveränderungen einer Trasse. — V = Sender; $M_{1,2}$ = Meßgeräte; S = untersuchter Raum; l = Länge der erwogenen Trasse

Fundamental arrangement for measuring the changes of attenuation along an alignment. — V = transmitter; $M_{1,2}$ = measuring devices; S = area investigated; l = length of the line considered

Schéma général pour la détermination de l'atténuation sur la ligne mesurée. — V = émetteur; $M_{1,2}$ = récepteurs; S = espace examiné, l = longueur de la ligne envisagée

elektromagnetisches Feld aus; es wird durch zwei Meßgeräte, M_1 und M_2, registriert, die in dem untersuchten Raum S, in dem die Druckveränderungen eintreten, liegen.

Aus den gemessenen Werten der Feldintensität, zum Beispiel der elektrischen Komponenten E_1, E_2, kann die Dämpfung auf der Trasse $M_1 M_2$ bestimmt werden. Der Teil der Dämpfung, der durch Verluste im Medium verursacht ist, hat die Größe

$$B = \beta \cdot l. \tag{4.1}$$

Bei der Steigerung des Druckes um den Wert Δp (der Einfachheit halber sei vorausgesetzt, daß sich der Druck entlang der ganzen Trasse gleichmäßig erhöht) nimmt die Dämpfung B um den Wert ΔB zu. Mit (3.7) wird daher

$$\Delta B = \Delta \beta \cdot l = \beta \cdot l k_\beta \cdot \Delta p. \tag{4.2}$$

Aus dem ermittelten Wert ΔB, der bekannten Konstante und dem Koeffizienten k_β und der Länge der Trasse l kann dann die eingetretene Druckveränderung bestimmt werden zu

$$\Delta p = \frac{\Delta B}{l \cdot k_\beta \cdot \beta} = \frac{\Delta B}{B \cdot k_\beta}. \tag{4.3}$$

Wenn für ΔB die minimale, zuverlässig ermittelbare, durch die Stabilität der Meßgeräte gegebene Dämpfungsveränderung eingesetzt wird, bedeutet p die minimale, nachweisbare Druckveränderung; bei ungleichmäßiger Verteilung der Druckveränderung entlang der Trasse hat Δp Mittelwertbedeutung.

Wie aus Abb. 6 hervorgeht, ist hierbei der Wert k_β vom Anfangsdruck abhängig, von dem die Druckveränderung ausgeht. Es ist daher notwendig, den Wert dieses Koeffizienten entsprechend der Lage „des ruhenden Arbeitspunktes" anzunehmen, d. h. entsprechend dem vorausgesetzten Ruhedruck des gegebenen Gesteins.

Auf Abb. 8 ist ein Nomogramm zur schnellen Lösung der Gln. (4.3) und (4.1) zusammengestellt; die Skalenbereiche der einzelnen Größen sind nach den realen Möglichkeiten gewählt. Es sei zum Beispiel gegeben: $\beta = 2\,dB/m$, $l = 10\,m$,

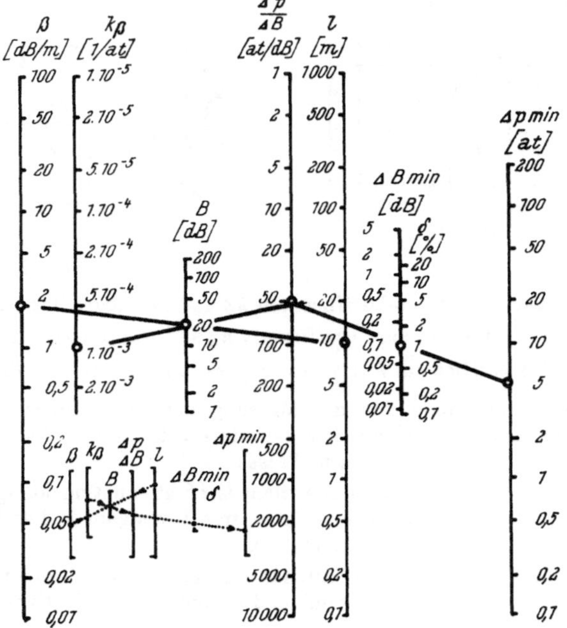

Abb. 8. Nomogramm für die Lösung der Gln. (4.1) und (4.3)

Nomogramme for the solution of the equations (4.1) and (4.3)

Nomogramme pour déterminer le changement minimum de la pression d'après les équations (4.1) et (4.3)

$\Delta B = B_{min} = 0,1\,dB$ (minimaler erreichbarer Wert), $k_\beta = 10^{-3}/1\,at$. Durch Verbindung der entsprechenden Punkte erhält man einen minimalen feststellbaren Wert der Druckveränderung $\Delta p_{min} = 5\,at$.

Aus der Gl. (4.3) geht hervor, daß die minimale feststellbare Druckveränderung umso kleiner ist, daß also die Methode umso empfindlicher ist, je größer der Druckkoeffizient der Dämpfung des Gesteins k_β und der Wert $B = \beta \cdot l$ und je kleiner der feststellbare Wert der Dämpfungsveränderung ΔB_{min}, d. h. je höher die Stabilität der verwendeten Meßeinrichtung ist.

Sofern man nicht durch die Größe des Raumes, in dem der Druck verfolgt wird, beschränkt ist, kann der Wert B durch die Wahl einer größeren Entfernung l vergrößert werden, gegebenenfalls auch durch die Wahl höherer Arbeitsfrequenzen, da ja mit der Frequenz auch die Dämpfungskonstante β wächst[2]. Für Gesteine mit einer mittleren und höheren Leitfähigkeit bei etwa $1-30$ MHz erreicht der Wert β ungefähr $1-10\,dB/m$, was bei $1-10$ m zu einem Wert für B im Bereich von $10-100\,dB$ führt.

Die Veränderung der Dämpfung B läßt sich bestimmen, indem die Leistung des Senders so gesteuert wird, daß im Punkt M_1 ein gleichbleibender Wert des Feldes eingehalten wird. In diesem Fall ist dann die Schwankung des Pegels des Signals im Punkt M_2, ausgedrückt in dB, gleich ΔB. Die entsprechenden Veränderungen der Amplitude des Signals E_2 in Prozenten sind auf der Skala ΔB bzw. σ in Abb. 8 ersichtlich. Durch die Verwendung eines Feldmeßgerätes mit einer besseren Meßstabilität als $1\,\%$ kann ein Wert von $\Delta B = 0,1\,dB$ ermittelt werden. Diesen und wahrscheinlich auch höheren Ansprüchen entsprechen zum Beispiel Kalibrodyn-Systeme mit automatischer Eichung[5].

Verwendet man die Methode für die Messung des Druckes in nicht leitenden Gesteinen, zum Beispiel in Gesteinen mit $\beta = 0,1\,dB/m$, so erhält man auf einer annehmbaren Länge der Trasse $l = 10$ m einen Wert von $\Delta B = 1\,dB$. Falls das Gestein hier nur einen Druckkoeffizienten von $k_\beta = 2 . 10^{-4}/1$ at aufweist, entspricht einer Veränderung von $\Delta B = 0,1\,dB$ eine Druckveränderung $\Delta p = 500$ at.

Es handelt sich in diesem Fall um eine grobe Abschätzung; der Wert k_β ändert sich nämlich für eine so große Druckzunahme recht wesentlich.

Auch unter solchen Bedingungen kann die Methode durchaus verwendbare Ergebnisse bringen, zum Beispiel bei der groben Verfolgung der Druckentwicklung in den Tragflächen einer Strecke bei ihrem Abbau und gegebenenfalls für die Ableitung der Alarmsignale.

Die Empfindlichkeit der Methode liegt bei Gesteinen mit einer Dämpfung in der Größenordnung von 1 bis etwa 100 Atmosphären. Bei sehr niedrigen Dämpfungskonstanten oder bei sehr kleinen geforderten Werten für die Entfernung l in der Größenordnung von einigen Metern kann der minimal feststellbare Wert der Druckveränderung eine Größe von mehreren 100 bis 1000 Atmosphären erreichen, und dann ist die Grenze überschritten, innerhalb der die hier vorgeschlagene Methode anwendbar bleibt.

Es wird in diesen Fällen wahrscheinlich vorteilhaft sein, zur Feststellung der Druckveränderungen die Abhängigkeit der Phasenkonstante vom Druck (s. Gln. [3.4] und [3.10]) zu verwenden. Die entsprechenden Systeme (1, 4) können auf der Messung der Phasen- oder Gruppenlaufzeit der Fortpflanzung eines Signals zwischen zwei Punkten begründet sein. Ein gewisser Nachteil liegt in der Notwendigkeit, für das Schließen des Kreises, in dem die Phasen- oder Zeitverschiebung gemessen wird, eine Übertragung nach beiden Richtungen sicherzustellen.

Die geometrische Konfiguration der radiotechnischen Messung kann für die Verfolgung des Interessenraumes vorteilhaft sein. Wenn z. B. der Sender und der Empfänger in der gleichen Strecke angeordnet werden, dann wird in der Strecke dieselbe Dämpfung wie in der Umgebung gemessen — unter der Voraussetzung, daß die Wellenlänge größer ist als die geometrischen Abmessungen der Strecke, so daß kein Hohlleitereffekt eintritt[9]. Hierbei hat die unmittelbare Umgebung der Strecke, in der Druckveränderungen am deutlichsten zur Geltung kommen, den größeren Einfluß auf die gemessenen Dämpfungswerte. Die Meßanlage wird also für die Veränderung entlang der großen Trasse, die durch den bedrohten Raum verläuft, empfindlich sein.

Bei der langfristigen Registrierung der Dämpfung können sich die durch Feuchtigkeitsschwankungen verursachten Änderungen ungünstig bemerkbar machen und eine direkte Registrierung der Druckveränderungen verhindern. Unter der Voraussetzung, daß die Druckveränderungen wesentlich schneller sind als die langsamen Veränderungen der Feuchtigkeit, können sie durch die Methode der Trennung des langsamen und schnellen Fadings von Signalen[6] voneinander unterschieden und unabhängig registriert werden.

Außer der Verwendung der angeführten Methode für das Studium der Druckveränderungen im Grubenbau ist noch eine Möglichkeit zu erwägen. Bringt man einen Sender mit stabilisierter Leistung in eine Tiefbohrung, die in das wenig leitfähige Gestein des Basalts reicht, dann werden die elektromagnetischen Wellen bei der Wahl einer genügend kleinen Frequenz wenig gedämpft und können nach den Angaben in der Literatur über eine Entfernung von einigen hundert Kilometern empfangen werden[12,2]. Die dauernde Registrierung der Amplitude oder der Phase der empfangenen Welle durch die Einrichtung in großer Tiefe könnte Druckveränderungen in dem dazwischenliegenden Raum anzeigen, die mit der regionalen Tektonik zusammenhängen. Vielleicht wäre es sogar mit dieser Methode möglich, die Druckentwicklung innerhalb der Erdkruste zu verfolgen und gegebenenfalls ihren Zusammenhang mit den seismischen Erscheinungen zu untersuchen.

Literatur

[1] G. P. Astafev, V. S. Šebšaevič und Ju. A. Jurkov: Radionavigacionnye ustrojstva i sistemy. Izd. Sov. Radio, Moskva 1958.

[2] S. Dokoupil, J. Karpinský und M. Kašpar: The Attenuation of Electromagnetic Waves in Rocks. Studia geoph. et geod., *6* (1962), 176.

[3] S. Dokoupil, J. Karpinský und M. Kašpar: Zařízení pro radiotechnické měřeni změn horských tlaku. Patent No. 118 694, Praha 26. 4. 1962.

[4] S. Dokoupil, J. Karpinský und M. Kašpar: Zařízení pro radiotechnické měřeni změn horských tlaku. Patent No. 107 381, Praha 26. 4. 1962.

[5] J. Karpinský: Kalibrodyn a jeho použití pro měření vysokofrekvenčních signálu. Elektrotechn. čas. *XIII* (1962), 129.

[6] J. Karpinský: Mechanický zpusob automatického vyrovnávání citlivosti registračních měřiču intenzity pole. Slaboproudý obzor *20* (1959), 278.

[7] V. Rudajev: Experimentelle Untersuchungen der Veränderungen der dielektrischen Konstante in Abhängigkeit vom Druck. Freiberger Forschungshefte C 126 (1962), 45.

[8] J. A. Stratton: Electromagnetic theory. McGraw Hill, New York 1941.

[9] A. G. Tarchov: Volnovodnye svojstva gornych vyrabotok. Izd. AN SSSR, Ser. geofiz., No. 4 (1955), 358.

[10] M. P. Volarovič, O. A. Tarasov und A. T. Bondarenko: Issledovonie dielektričeskoj pronicaemosti obrazcov gornych porod pri atmosfernom odnostoronnem i vsestoronnem davlenijach. Izd. AN SSSR, Ser. geofiz., No. 7 (1961), 1004.

[11] M. P. Volarovič, A. T. Bondarenko und E. I. Parchomenko: Vlijanie davlenija na električeskie svojstva gornych porod, Trudy IF Z, No. 23 (1962), 80.

[12] H. A. Wheeler: Radio-Wave Propagation in the Earth's Crust. Jour. of Research, NBS *65 D*, 189.

Über die Stabilität von Felshängen

Von

H. Petzny*

Mit 15 Textabbildungen

Zusammenfassung — Summary — Résumé

Über die Stabilität von Felshängen. Hangrutschungen längs zylindrischer Gleitflächen, wie sie in Lockergesteinen auftreten, sind in Festgesteinen Ausnahmefälle. Im allgemeinen werden die Gleitflächen von Felsrutschungen den vorgegebenen Gefügeflächen folgen, und zwar umso mehr, je stärker das Gefüge ausgebildet ist.

Darauf aufbauend wird versucht, den Gleitwiderstand eines Felsrutsches unter Berücksichtigung unterschiedlicher Neigungen von Hangoberflächen, von Gefügeflächen und des Bergwasserspiegels abzuschätzen.

Besonders wird auf den großen Einfluß des Kluftwassers und auf die Möglichkeit, den Kluftwasserschub bei den Stabilitätsuntersuchungen in Rechnung zu stellen, hingewiesen. An einigen Beispielen wird die Brauchbarkeit der aufgestellten Gleichungen aufgezeigt.

On the Stability of Rock Slopes. Slope slides along cylindrical slide planes, such as occur in loose rock, are exceptional in solid rock. Generally the slide planes of rock slides will follow the existing planes of the structure; this tendency increases with an increasing formation of the structure.

On that basis the attempt is made to estimate the resistance to sliding of a rock slide with regard to different inclinations of slope surfaces, structure planes and mountain water level.

Special emphasis is put on the great influence of the joint water and on the possibility to consider the joint water pressure in stability tests. A few examples show that the established equations are practicable.

Sur la stabilité des versants rocheux. Des glissements de talus le long de surface cylindrique, fréquents pour les matériaux pulvérulents, ne sont que des cas d'exception pour les massifs rocheux. En général les glissements dans les roches se forment le long de surfaces structurelles préexistantes et cela d'autant plus que la structure se trouve prononcée.

A la suite de cette remarque l'auteur fait des études de stabilité pour des orientations variables de la surface libre du talus, des surfaces de structure et de la nappe phréatique. Le rapport s'attache en particulier à mettre en évidence le rôle joué par l'eau dans les fissures et les possibilités d'introduire ces actions dans les études de stabilité. Les calculs sont explicités sur quelques exemples particuliers en vue de concrétiser les possibilités d'explication des relations obtenues.

I. Ausbildung von Gleitflächen in Locker- und Festgesteinen

Wenn auch ein Grundbruch oder ein Hangrutsch im Lockergestein und im klüftigen, bankigen Gebirge in ihrer Ursache und Wirkung sehr ähnlich sind, so besteht doch in der Form der Ausbildung der Gleitflächen ein großer Unterschied.

---

* Dipl.-Ing. Dr. techn. Hans Petzny, NEWAG Niederösterreichische Elektrizitätswerke AG, Maria Enzersdorf — Südstadt — bei Wien.

In den oft als homogen anzusehenden Lockergesteinen bilden sich stetige (kreiszylindrische) Gleitflächen aus, die den Zonen des geringsten Widerstandes folgen, d. h. die Bruchflächen zwängen sich zwischen den Körnern des Lockergesteins hindurch. Auf diesen Gleitflächen muß die Kohäsion (c) des Materials und die auftretende, von der Intensität der Kornberührung abhängige Innere Reibung, ausgedrückt durch einen Reibungswert tg φ, überwunden werden. Beide Faktoren können vom Grundwasser wesentlich beeinflußt werden, einerseits durch Infiltration von Wasser in die Kornzwischenräume, die die Kohäsion vermindert, andererseits durch Auftriebswirkung, die ihrerseits eine Verminderung des wirksamen Gewichtes und des Druckes der Teilchen aufeinander verursacht und somit zur Abnahme der Inneren Reibung führt.

Im kluftreichen Gebirge dagegen werden sich im Falle einer Gleichgewichtsstörung der Gebirgsmasse die Gleitflächen nicht nach einer zylindrischen Mantelfläche ausbilden, sondern entlang gewisser, durch Schicht-, Schieferungs- und Kluftflächen vorgezeichneter Flächen verlaufen. Dem Abgleiten längs einer Zylinder-

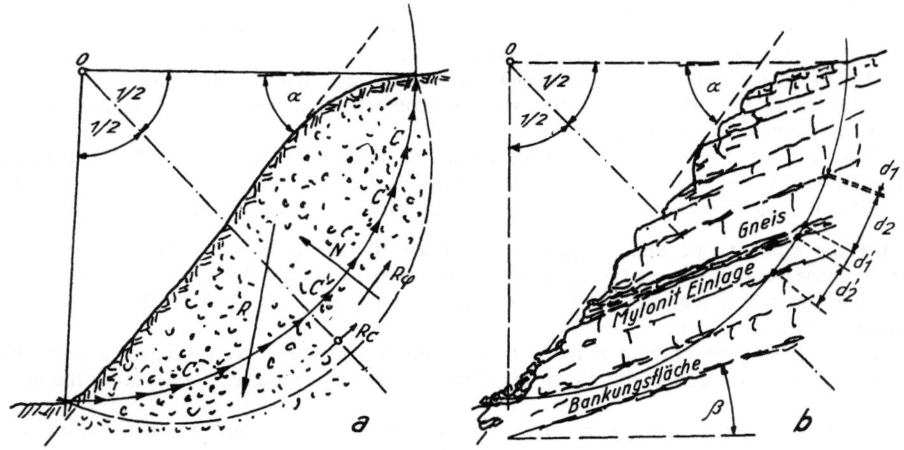

Abb. 1. Gleitkreise. a) Durch Lockergestein; b) durch Fels

C Kohäsionswiderstände; φ Winkel der Inneren Reibung; R_C Summe aller C; $R\varphi$ Summe aller Reibungswiderstände N tg φ; d_1, d_1' Kluftschnitte mit Kohäsion c; d_2, d_2' Felsschnitte mit der Scherfestigkeit s_m

Friction circles. a) In soil; b) in rock

C resistance due to cohesion; φ friction angle; R_C total of all C; $R\varphi$ total of all friction resistances N tg φ; d_1, d_1' intersections of slip surface with joint with cohesion C; d_2, d_2' intersections of slip surface with a rock element

Cercles de frottement. a) Pour les sols; b) pour les roches

C cohésion; φ angle du frottement interne; R_C resultante de la cohésion C; $R\varphi$ resultante des résistances au frottement N tg φ; d_1, d_1' intersections des fissures de cohésion c; d_2, d_2' intersections de roche présentant une résistance au cisaillement s_m

mantelfläche steht nämlich der große Widerstand entgegen, der bei einem Scherbruch der Kluftkörper zu überwinden wäre. Besonders in jenem Teil, in welchem die zylindrische Bruchfläche die Schicht- oder Bankungsfugen sehr schräg durchschneiden würde, ergeben sich beträchtliche Widerstände (vgl. Abb. 1 und 2).

Je kompakter das Gebirge ist, je weiter die Klüfte voneinander entfernt sind, desto größer werden die Stufen eines Hangbruches sein. Auch das Herausschieben eines ganzen Gebirgs-Keiles auf prädestinierten Gleitflächen ist möglich, wie es z. B. bei zwei Grundbrüchen am Kamp (Niederösterreich) eindeutig festgestellt wurde.

Auch die Bewegung von Gebirgsmassen höherer Größenordnung kann auf tektonischen Störungsflächen, auf Flächen mit einem Wechsel der Gebirgsart, also auf vorbestimmten Gleitflächen, erfolgen. Bei der Katastrophe in Vajont glitten große Gebirgsmassen auf einer solchen Fläche ab und schoben sich in das enge Tal.

Je stärker das Gebirge zerklüftet ist und je stärker die Kluftrichtungen streuen, desto mehr kann sich beim Abgleiten eines Hanges die Form der Bruchfläche einer zylindrischen Mantelfläche annähern; denn die Wahrscheinlichkeit, daß die Scher-

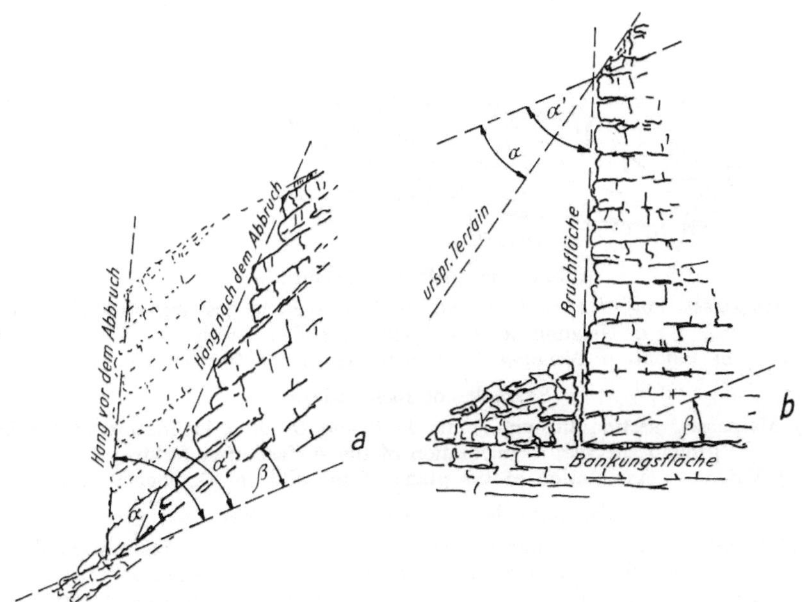

Abb. 2. Einfluß der Schichtneigung. a) Angenommene Gleitbruch-Stufen; b) Grundbruch, Typ Dobra

α Neigung des ursprünglichen Terrains; α' Neigung der Bruchfläche; β Neigung der Bankungsfugen

Influence of the inclination of stratification. a) Assumed steps of a sliding fracture; b) Ground failure Dobra type

α inclination of the original ground surface; α' inclination of failure surface; β inclination of the bedding joints

Influence de l'inclinaison des couches. a) Degrés supposés d'une rupture de glissement; b) rupture, type Dobra

α inclinaison du terrain originel; α' inclinaison du plan de rupture; β inclinaison des joints

fläche auf gleichgerichtete Klüfte im Gebirge trifft, wächst mit abnehmender Größe der Kluftkörper und mit zunehmender Streuung der Klüfte. Aber auch in diesem Falle wird die Bildung einer zylindrischen Gleitfläche dadurch erschwert, daß Kluftkörper durchgeschnitten werden müssen.

Wenn es sich nicht um ausgesprochen offene, leere Klüfte handelt, muß bei einer Gleitung die Kohäsion des Füllmaterials der Gebirgskluft überwunden werden. Der Widerstand gegen Zug ist meistens sehr klein und kann hier vernachlässigt werden.

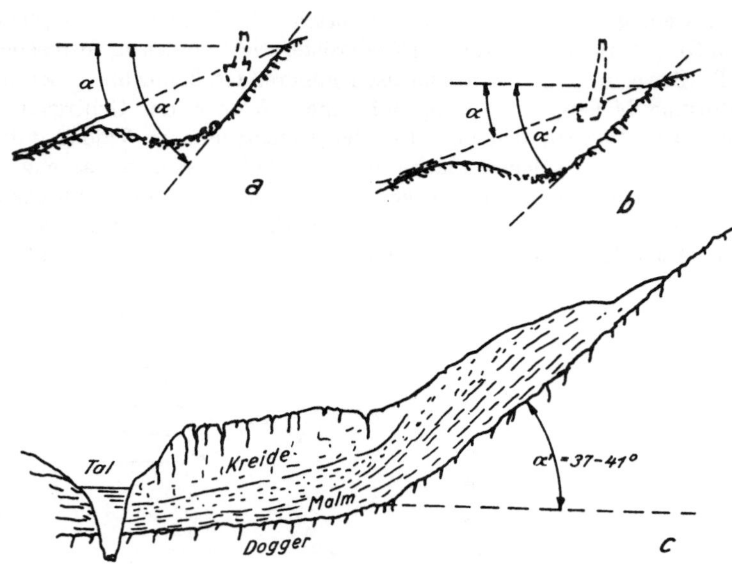

Abb. 3. Beispiele von Felsbrüchen

a) und b) Malpasset, Fugenschnitt *P—P* und *O—O*. α Neigung des ursprünglichen Terrains;
α′ Neigung der Oberfläche nach dem Bruch;
c) Vajont. α′ Neigung der Gleitfläche vom 9. Oktober 1963

Examples of rock failures

a) and b) Malpasset, section through joints *P—P* and *O—O*. α inclination of the original
ground surface; α′ inclination of the surface after failure;
c) Vajont. α′ inclination of the plane of the slide of October 9, 1963

Exemples de ruptures dans les roches

a) et b) Malpasset, intersection par des fissures *P—P* et *O—O*. α inclinaison du terrain
originel; α′ inclinaison de la surface après la rupture
c) Vajont. α′ inclinaison de la surface de glissement du 9 octobre 1963

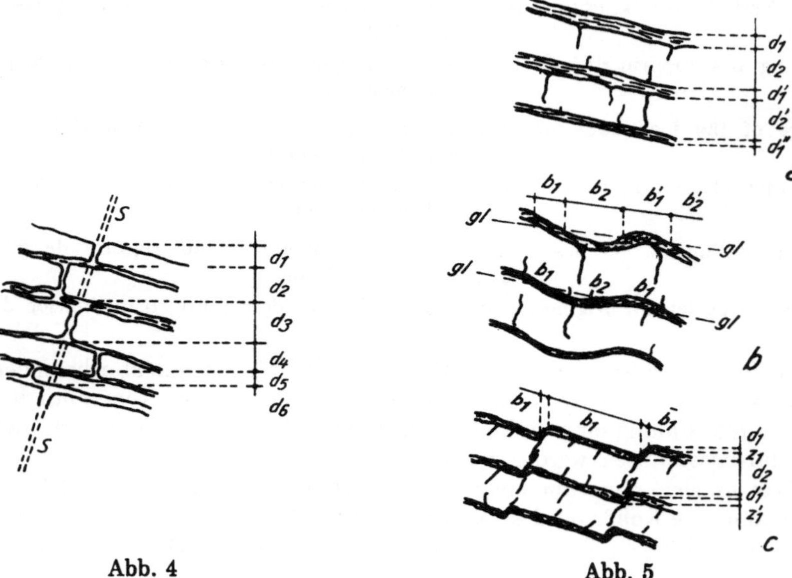

Abb. 4   Abb. 5

Abb. 4. Aus Gleit- und Scherflächen gemischter Bruch

d_1, d_3, d_6 Kluftfläche mit effektiver Kohäsion c, τ
d_2, d_4, d_5 Spaltfläche mit Scherwiderstand s_m
$s{-}s$ Scherbruch-Schnitt $d_1 + d_3 + d_6 + \ldots + d_2 + d_4 + \ldots$

Fracture combined of sliding planes and shearing planes

d_1, d_3, d_6 joint planes with effective cohesion c, τ
d_2, d_4, d_5 cleavage plane with shear resistance s_m
$s{-}s$ shear fracture section $d_1 + d_3 + d_6 + \ldots + d_2 + d_4 + \ldots$

Rupture composée par des surfaces de glissement et de cisaillement

d_1, d_3, d_6 surface de fissure avec cohésion effective c, τ
d_2, d_4, d_5 joints avec résistance au cisaillement s_m
$s{-}s$ intersection par une rupture de cisaillement $d_1 + d_3 + d_6 + \ldots + d_2 + d_4 + \ldots$

Abb. 5. Einfluß der Kluftflächen-Ausbildung auf Gleitungen

a) Gleitflächen in ebenen Klüften

d_1, d_1' starke Kluftfüllung mit Kohäsion c
d_2, d_2' Kluftkörper mit Scherfestigkeit s_m
d_1'' schwächere Kluftfüllungen mit Kohäsion c und eventuellem Reibungswiderstand φ

b) Gleitflächen in unebenen Klüften

b_1, b_1' Kluftflächenschnitt mit Kohäsion c
b_2, b_2' Materialschnitt im Kluftkörper mit Scherfestigkeit s_m

c) Gleitflächen in verzahnten Klüften

d_1, d_1' Kluftfüllung mit Kohäsion c
z_1, z_1' Verzahnungshöhe der Kluftkörper
z_1, z_1' Kluftkörperberührung mit Druckfestigkeit σ_d

Influence of the development of joints on sliding movements

a) Sliding surfaces in plane joints

d_1, d_1' thick joint filling with cohesion c
d_2, d_2' rock element with shear strength s_m
d_1'' thin joint filling with cohesion and eventual friction resistance c, φ

b) Sliding planes in undulated joints

b_1, b_1' joint planes intersection with cohesion c
b_2, b_2' intersection of sliding surface with rock elements with shear resistance s_m

c) Sliding planes in toothed joints

d_1, d_1' joint filling with cohesion c
z_1, z_1' height of teeth of the rock elements
z_1, z_1' contact of the rock elements with compression strength σ_d

Influence du développement des surfaces de fissures sur les glissements

a) Surfaces de glissement dans des fissures planes

d_1, d_1' remplissage importante de fissures avec cohésion c
d_2, d_2' élément rocheux de résistance au cisaillement de s_m
d_1'' faible remplissage de fissures avec cohésion c et résistance éventuelle au frottement φ

b) Surfaces de glissement dans des fissures non planes

b_1, b_1' intersection des surfaces de fissures avec cohésion c
b_2, b_2' intersection de la surface de glissement avec des éléments rocheux de résistance au cisaillement s_m

c) Surfaces de glissement dans des fissures dentées

d_1, d_1' remplissage de fissures présentant une cohésion c
z_1, z_1' hauteur des dents des éléments rocheux
z_1, z_1' contact entre les éléments rocheux ayant une résistance à la compression de σ_d

Der Widerstand gegen Gleiten in einer Kluft hängt nicht nur von der Art des Füllmaterials sondern auch von der Kluftform und den Kluftwandungen ab.

Sind die Klüfte mit weichem, verwittertem, tonigem oder lehmigem Material so stark ausgefüllt, daß sich die Kluftwandungen im ganzen Bereich nicht berühren, so ist eine besonders geringe Kohäsion zu erwarten. Diese kann, wenn Sickerwässer

Tabelle 1. Zusammenstellung einiger Reibungs- und Scherfestigkeitswerte nach Versuchsergebnissen in situ

(Werte von c und φ nach $\tau = c + \sigma \, \mathrm{tg} \, \varphi$)

Nr.	Gestein (Lokalität)	c (kg/cm²)	φ	Autor
1	Granulit, auf Kluftflächen.....	0—1	40°—55°	Henkel D. J. (1964)
2	Granulit, glimmerhaltig, auf Kluftflächen	0—1	39°—47°	Henkel D. J. (1964)
3	Kluftletten (Talsperre Monar)	0—1	22°—25°	Henkel D. J. (1964)
4	Granit (Alto Rabago)	1—13	41°—62°	Rocha (1964)
5	Tonschiefer (Bemposta).......	2	60°—69°	Rocha (1964)
6	Tonschiefer (Valdecanas)	4—7	62°—64°	Rocha (1964)
7	Tonschiefer (Miranda)	4—7	59°—64°	Rocha (1964)
8	Tonschiefer (Alcantara).......	1	56°—70°	Rocha (1964)
9	Füllung von Bankungsklüften mit 30 % bis 40 % Ton/Lehm..	0,1	24°—45°	Rocha (1964)
10	Sandstein (Cambambe)	1—2	50°—53°	Rocha (1964)
11	Mergel (Mequinenza)	7,2	47°	Jimenez-Salas u. a. (1964)
12	Konglomerat (Grado).........	0	60°	Jimenez-Salas u. a. (1964)
13	Mergel (Grado)..............	0—26	13°—60°	Jimenez-Salas u. a. (1964)
14	Konglomerat (Grado)	0	62°	Jimenez-Salas u. a. (1964)
15	Beton auf Diabasfels, auf Abscherung	8—14	49°—61°	Ripley u. a. (1961)
16	Beton auf Diabasfels, bei Gleitung	1—4	50°—64°	Ripley u. a. (1961)
17	Sandstein	0	40°—54°	Ripley u. a. (1961)
18	Tonschiefer.................	0	26°—39°	Ripley u. a. (1961)
	Zunahme des Gleitwiderstandes durch Aufgleiten und Abreiben von Erhebungen der Kluftfläche bei niederem Druck		$\varDelta = 10°—18°$	
19	verwitterte, glimmerhaltige, etwas mylonitische Füllung der Bankungsklüfte im Dobra-Gneis	0,4—1,8	39°—40°	Labor. Prof. Borowicka
20	Phyllit-Schiefer, Kluftfüllungen mit Mylonit, 4 bis 7 cm		20°	
	Phyllit-Schiefer, Kluftflächen mit Mylonit, 1 bis 2 mm		37°	
	Phyllit-Schiefer, nicht durchgehende Kluft, ohne Mylonit..	ca. 1,0	20°—37°	Malina (1962)

eindringen, praktisch bis auf den Wert Null absinken. In diesem Falle ist die starke Zwischenschicht als für die Gleitung maßgebend zu betrachten und unter Berücksichtigung aller auftretenden Spannungen auf ihre Materialeigenschaften hin genau zu untersuchen (Abb. 5 a).

Sind die Kluftfüllungen dünn, die Kluftflächen uneben und berühren sich diese stellenweise, so macht sich neben der Kohäsion der Reibungswiderstand stark bemerkbar. Es ist dann schwer, den Anteil der Reibung am Gesamtwiderstand einer möglichen Gleitfläche von dem der Kohäsion zu trennen, und zwar auch dann, wenn der Durchtrennungsgrad des Gebirges durch die Kluftstatistik genügend charakterisiert und der Anteil der freien Kluftflächen bekannt ist (Abb. 5 b).

Wenn die Kluftflächen sehr uneben oder gegeneinander versetzt sind, verzahnen sich die einzelnen Kluftkörperteile und setzen dadurch der Gleitbewegung einen besonderen Widerstand entgegen. Bedingt durch die Druckübertragung von Kluftkörper zu Kluftkörper, müßte dann auf der gesamten Gleitfläche in jedem einzelnen Kluftkörper die ganze Materialfestigkeit überwunden werden, um eine durchgehende Gleitfläche zu erhalten. Es ist also die effektive Kohäsion c in der Kluftfuge und die Scherfestigkeit der Kluftkörper auseinanderzuhalten (Abb. 5 c).

Für das Eintreten der Gleitbewegung ist der Gesamtwiderstand maßgebend, der durch die Summe $c + \sigma \cdot tg$ ausgedrückt wird, wobei praktisch alle Möglichkeiten von $c = 0$ bis $c =$ Scherfestigkeit des Materials bestehen. (Vgl. Tab. 1.)

Im allgemeinen können größere Gebirgsmassen infolge ihrer Inhomogenität und ihrer ausgeprägten Kluftsysteme kaum einheitliche Werte von φ_m und c zugeordnet werden, so sehr es bei den Berechnungen der Stabilität von Felshängen wünschenswert wäre. Nur in einzelnen Fällen, bei regelmäßigen Kluftsystemen und geringen Spaltfüllungen, scheint es möglich zu sein, wenigstens einzelnen Zonen des Gebirges mittlere Werte von c und φ zuzuweisen und diese Zonen dann als quasihomogene Bereiche zu betrachten und so in die Berechnungen einzubeziehen.

In diesem Zusammenhang sei auch auf die Anschätzung eines mittleren, maßgebenden Reibungswinkels für verschiedene Gebirgsarten durch Terzaghi (1962) hingewiesen, welcher den mittleren Reibungswinkel in den Grenzen von $\varphi = 30^0$ bis 65^0 annahm.

Aus verschiedenen Großversuchen „in situ" ergaben sich jedoch meist größere Reibungswinkel φ und kleinere Werte für c (vgl. Tab. 1). Die Mehrzahl dieser Versuchsergebnisse wurde bei geringer Druckkraft erzielt. Die Werte beziehen sich daher auf Verhältnisse in geringer Tiefe mit geringer Überlagerung. Auch reine Kluftfüllungen wurden untersucht und zeigen immerhin Reibungswerte von $\varphi = 24^0$ bis 45^0. Der Einfluß des Porenwassers blieb dabei allerdings unberücksichtigt.

Es sei auch auf den Versuch hingewiesen, die Erhöhung des Gleitwiderstandes infolge des Aufgleitens auf Unebenheiten in der Kluftoberfläche und infolge des Abscherens von Material-Höckern in der Kluftfläche anzuschätzen, wobei eine Erhöhung des Reibungswinkels von $\Delta \varphi = 10^0$ gefunden wurde.

Daß beim Eintreten einer Gleitbewegung die Kohäsion beträchtlich absinkt, geht aus den Mitteilungen der ICOLD (1964) hervor: Bei Beginn einer Gleitbewegung von Beton auf Diabas-Fels sank die Kohäsion c von 8 kg/cm² auf 1,4 kg/cm².

II. Spannungen und Belastungen

Während die Spannungsverteilung im Lockergestein infolge Eigengewicht, Auflast, Auftrieb nach bekannten, für den isotropen Halbraum gültigen Verfahren zu erfassen ist (Breth u. a.) und auch Sickerströmungen bei bekannter Durchlässigkeit des Bodens berücksichtigt werden können, ist eine derart genaue Erfassung dieser Faktoren im kluftreichen Gebirge noch nicht möglich. Infolge der Klüftung, der Bankung und der Anisotropie des Gebirges ist es schwer, die wahre Kraftverteilung im Gebirge zu ermitteln. Auch die Tatsache, daß die Kraftlinien mehr der Richtung des kompakten, widerstandsfähigeren Materials folgen und weiche Zwischenlagen wegen ihrer großen Verformbarkeit den Kraftfluß stören (Torre, Müller, Jirousek u. a.), trägt zu diesen Schwierigkeiten bei.

Modellversuche zeigen deutlich, wie ein Kraftfeld im Gebirge durch ein Kluftsystem gestört wird, wie die Kräfte abgelenkt werden und sich stellenweise bis zum Bruch konzentrieren und wie beim Eintreten desselben sich wieder ganz neue Kraftfelder bilden (Krsmanovič, Sonntag).

Weitere Schwierigkeiten ergeben sich bei Berechnungen durch Bauwerksbelastungen. Die Belastungen der Talhänge sind bei Dämmen, Gewichts- und aufgelösten Staumauern in ihrer Richtung und Größe ziemlich genau bekannt und zu bestimmen. Schwieriger ist es bei den Bogenmauern, deren Kämpferdrücke in räumlich verschiedenen Richtungen auf den Hang wirken und dadurch möglicherweise Gleitflächen mit verschiedenen Neigungswinkeln treffen. Die wahrscheinlichste Lage

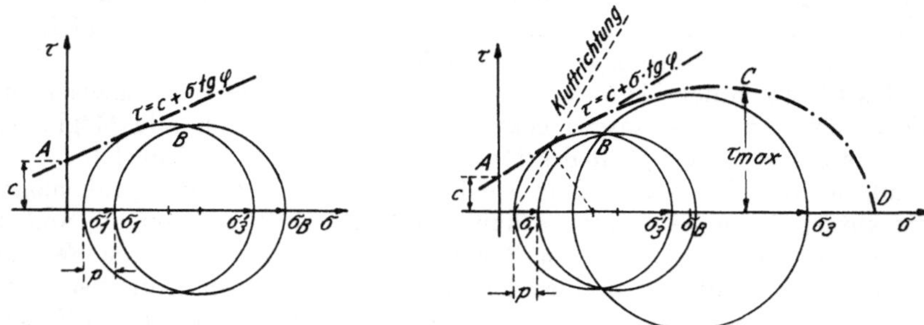

Abb. 6. Darstellung des Spannungszustandes und der Materialeigenschaften durch Mohrsche Spannungskreise und einhüllende Bruchlinie

p Verlagerung des Spannungszustandes durch Kluftwasserdruck; c Kohäsion; φ Reibungswinkel

Representation of the state of stress and of the properties of material by Mohr's stress circle and intransic curve

p Displacement of the state of stress by the joint water pressure; c cohesion; φ angle of friction

Représentation de l'étant des contraintes et des propriétés du matériau par les cercles de Mohr et la courbe intrinsèque

p Variation de l'état des contraintes due à la pression de l'eau dans les fissures; c cohésion; φ angle de frottement

und Größe dieser Kämpferdrücke für alle Belastungsfälle anzugeben, setzt genaue statische Berechnung der Gewölbemauer mit Radial-, Tangential- und Torsionsausgleich voraus, was heute durch die programmgesteuerten elektronischen Rechenmaschinen bereits ermöglicht wird (s. Vortrag Dr. Kettner, veröffentlicht im vorliegenden Heft).

Eine weitere, bisher wenig beachtete Belastung des Hanges wird durch den Wasserdruck auf den Dichtungsschleier unterhalb der Sperre hervorgerufen, welcher durch die Absperrung aller Wasserwege in den Klüften des Gebirges entsteht. Die Lastgrößen, denen dabei das Gebirge ausgesetzt ist, können nur angeschätzt werden (Müller, 1961; Pacher, 1963; Jaeger). Meist werden diese Belastungen erst sehr tief im Gebirge wirksam und verteilen sich derart, daß sie nur unter besonderen Umständen zu tiefliegenden Grundbrüchen im Hang an der Luftseite der Sperre führen können.

Anders ist es mit dem Wasser, das unter Druck aus dem Stausee durch einen nicht ganz dichten Injektionsschleier hindurchsickert oder aus einem undichten Stollen austritt und die Klüfte des luftseitigen Talhanges einer Sperre auffüllt. Groß wird die Beanspruchung und die Gefahr, wenn dieses Kluftwasser noch dazu am Austritt aus dem Hang und am Abfluß gehindert ist, z. B. durch winterliche Frostschichten.

Diese Kluftwassermenge und deren Druck im Gebirge zu erfassen, ist theoretisch fast nicht möglich, nur Bohrlochsondierungen können Aufschluß geben. Bei geschlossener Hangoberfläche dienen diese Bohrlöcher vorzüglich zur Entwässerung des Hanges und zur Entlastung vom Kluftwasserdruck.

Das Wasser setzt nicht nur die offenen Klüfte unter Druck, sondern dringt allmählich auch in die geschlossenen, etwa mit Lehm gefüllten Klüfte ein und ändert deren Eigenschaften sehr zuungunsten der Sicherheit, der Stabilität des Hanges. Auch ein Aufquellen von mylonitisierten Schichten kann die Folge sein.

Um ein Bild über den Grad der örtlichen Beanspruchung des Materials und der Kluftfüllungen zu gewinnen, bedient man sich der Mohrschen Spannungskreise im zweidimensionalen und dreidimensionalen System. Aus Bruchversuchen kennt man eine Reihe von durch τ und σ charakterisierten Spannungszuständen, bei welchen ein Gleitbruch eintritt.

Aus Abb. 6 ist zu erkennen, wie eingedrungenes Kluftwasser bewirkt, daß die Spannungskreise um den wirksamen Wasserdruck „p" nach links, also zur Einhüllenden der Spannungskreise verschoben werden und die Spannungszustände dem Bruch näherbringt.

Mit zunehmender Belastung bei Versuchen, mit größeren Tiefen und Eigenspannungen im Gebirge wird die Einhüllende der Kreise nicht mehr eine Gerade (A—B) sein, sondern in die Kurve (B—C) übergehen, deren Extremwert (D) den Materialbruch durch reine Druckbeanspruchung anzeigt. Dies würde im Gebirge nur in sehr großen Tiefen unter besonderen Belastungen möglich sein und einen tiefliegenden Grundbruch bedeuten, während sonst im Bereich geringerer Spannungen die Gleitbruch-Form überwiegen wird. (Rocha, 1964.)

III. Stabilitätsberechnungen

Während es bei Lockergesteinen infolge der weitgehenden Homogenität des Gesteines und Kenntnis der Materialwerte leicht ist, nach gut entwickelten Verfahren (Breth, 1956; Fröhlich, 1949; Terzaghi, 1962; Fellenius, 1939 u. a.) die Spannungszustände und die Stabilität der Hänge auch unter Wassereinfluß sicher zu beurteilen, sind die Verhältnisse im geklüfteten Gebirge nicht so einfach. Beispielsweise können die zur Stabilitätsuntersuchung notwendigen Materialkonstanten nur sehr schwer und nur durch viele aufwendige Großversuche ermittelt werden. Auch ändern sich die Spannungen, bedingt durch das Kluftsystem und durch Störungen im Gebirge, oft von Punkt zu Punkt.

So treten nicht nur bei der Beurteilung der Spannungsverteilung, sondern auch bei der Gegenüberstellung von Spannungszuständen und Bruchwiderständen im Gebirge große Schwierigkeiten auf.

Unter weitgehender Vereinfachung könnten einzelne Gebirgsteile als isotrope, elastische Halbräume aufgefaßt werden und dem betreffenden Gebirgsteil eine mittlere Kohäsion c und ein mittlerer Reibungswinkel φ_m zugeordnet werden. Unter dieser Voraussetzung wäre eine Spannungsberechnung und damit eine Anschätzung des Sicherheitsgrades bzw. der Stabilität von Felshängen möglich (nach Boussinesque, Prandtl, Caguel, Mayerhof, Sokolowsky u. a.).

Diese Art der Berechnung berücksichtigt allerdings nicht den maßgeblichen Einfluß der stets vorkommenden Klüfte, Störungen oder Zonen von Gebirgszerrüttungen.

Der Einfluß der erwähnten Unstetigkeiten im Gebirge wird in dem von Müller und Pacher (1957) entwickelten Verfahren zur Untersuchung eines belasteten Hanges berücksichtigt, in dem die Spannungszustände in den einzelnen Punkten wohl für das homogene, isotrope Material des Halbraumes bestimmt, jedoch die sich ergebenden Hauptspannungen richtungsmäßig zum vorhandenen Kluftsystem bzw.

zu anderen möglichen Gleitflächen in Beziehung gebracht werden. Indem die so ermittelten Hauptspannungen in den einzelnen Punkten und Kluftebenen der Schubfestigkeit des Gebirges gegenübergestellt werden, erhält man gute Anhaltspunkte für den Beanspruchungsgrad einzelner Zonen. Dies kommt in einem mit den Widerstandskoeffizienten R_q bezeichneten Wert zum Ausdruck, welcher das Verhältnis des Gebirgswiderstandes zu der Gleit- bzw. Scherkraft im betreffenden Schnitt darstellt. Durch Aneinanderreihen von Punkten gleicher R_q-Werte erhält man die dem Kluftsystem entsprechenden Zonen gleichen Beanspruchungsgrades. Allerdings müßte beim Überschreiten zulässiger Spannungs- und Deformationswerte eine neuerliche Untersuchung der betreffenden Zonen angestellt werden.

Diese Zonen, in denen der Sicherheitsfaktor kleiner als „eins" ist, sind dann als Bereiche anzusehen, in denen Gleitbrüche auftreten können. Diese müssen dann genauer untersucht werden. Es ist ein nicht zu übersehender Vorteil dieser Methode, daß auch Kluftwasserdrücke, etwa der Druck auf einen Dichtungsschleier, berücksichtigt werden können. Wenn auch diese Berechnungsmethode in ihrer Entwicklung heute noch nicht abgeschlossen ist und einen großen Arbeitsaufwand erfordert, so

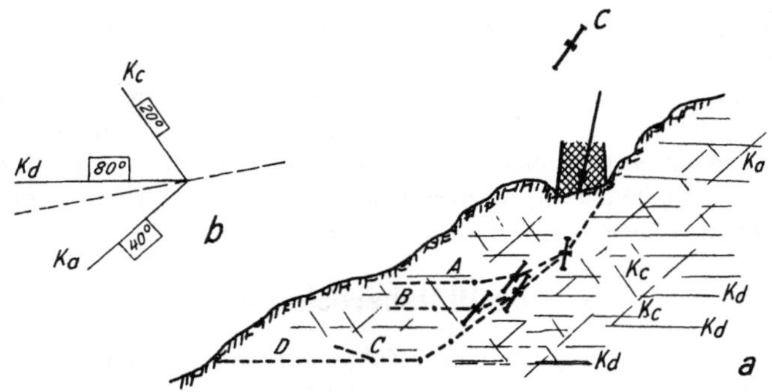

Abb. 7. Schema einer Widerlager-Untersuchung

a) Untersuchte mögliche Abscherflächen A, B, C, D; b) Hauptkluftscharen; c) untersuchte Punkte mit den Hauptspannungen

Scheme of an analysis of a dam abutment

a) Investigated possible failure planes A, B, C, D; b) principal sets of joints; c) investigated points and principal stresses

Schéma d'étude d'un appui de barrage

a) Plans de rupture possibles A, B, C, D; b) réseaux principaux de fissures; c) points considérés et contraintes principales

kann sie doch durch die Anwendung elektronischer Rechenmaschinen zeitlich sehr verkürzt und mit allen Variablen durchgeführt werden. Diese Methode bietet für jede Gebirgsart heute die Möglichkeit, die Stabilität von Felshängen anzuschätzen; allerdings müssen auch in diesem Falle die Widerstandswerte c und φ hinreichend bekannt sein.

Da ein Hangbruch oft auf einer prädestinierten Gleitfläche im Gebirge erfolgt, hat Fröhlich (1949) den Sicherheitsfaktor gegen ein Gleiten auf dieser Fläche durch die einfache Beziehung ausgedrückt:

$$n = \frac{\sin \varphi}{\sin \delta}.$$

Dabei bedeutet φ den Winkel der inneren Reibung und δ den von der Resultierenden R der äußeren Kräfte und der Gleitebenennormalen eingeschlossenen Winkel.

In Erkenntnis, daß der Kluftwasserdruck einen wesentlichen Faktor bei der Einleitung einer Gleitbewegung auf bruchgefährdeter Schichtfuge oder Bankungskluft darstellt, werden nach Kieser (1960) zur Beurteilung der Sicherheit von

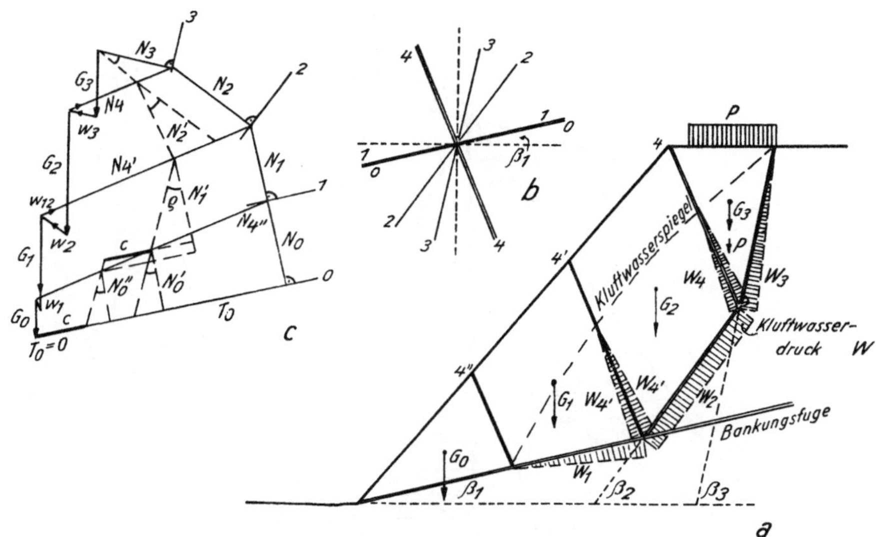

Abb. 8. Untersuchung eines Hanges mit Kluftwasser

a) Offene Klüfte 2, 3, 4 und Bankungsfuge 1/0; b) Kluftrose; c) Kräfteplan
$N_3 N_2 N_1 N_0$ ohne Reibung, tg $\varrho = 0$; $N_3' N_2' N_1' N_0'$ mit Reibung, tg $\varrho = 0{,}5$; N_0'' mit Reibung
tg $\varrho = 0{,}5$ und Kohäsion $c = 35$ t/m²

Analysis of a slope with joint water

a) Open joints 2, 3, 4 and bedding joint 1/0; b) joint diagram; c) interplay of forces
Eventuell zwei Zeilen frei für Zeichenerklärung
im englischen Text der Legende

Analyse d'un talus avec eau dans les fissures

a) Fissures ouvertes 2, 3, 4 et joints des couches 1/0; b) diagramme des fissures; c) polygones des forces: $N_3 N_2 N_1 N_0$ sans frottement, tg $\varphi = 0$; $N_3' N_2' N_1' N_0'$ avec frottement, tg $\varphi = 0{,}5$; N_0'' avec frottement tg $\varphi = 0{,}5$ et cohésion $c = 35$ t/m²

Felshängen die Wasserdruckkräfte in der Kluft, die ganz oder teilweise benetzt sein kann, mit den Felsgewichten in einem Kräfte-Polygon zusammengefaßt und die Resultierende zur Gleitebene in Beziehung gebracht.

Die Beurteilung der Stabilität erfolgt wie oben aus dem Vergleich des Winkels zwischen der Resultierenden R und der Gleitebenennormalen sowie dem angenommenen oder ermittelten Reibungswinkel.

Wird die Methode der Kräftepolygone auf dieser Basis weiter ausgebaut, so lassen sich bei bekannten bzw. angenommenen Reibungswinkeln in den angenommenen Gleitebenen des Hanges die verschiedensten Arten der hydrostatischen Belastung durch den Kluftwasserdruck berücksichtigen. Auch das Eigengewicht und die Auflast sowie die Größe der eventuell notwendigen Kräfte zur Felssicherung durch Felsanker lassen sich unter Berücksichtigung der Kluftsysteme bestimmen.

Die Beurteilung der Stabilität von Felshängen beruht also auf dem Vergleich von aktiver Schubkraft und passivem Gleitwiderstand in der betrachteten Gleitebene, wobei natürlich vorausgesetzt werden muß, daß die Werte des passiven Gleitwiderstandes genügend genau bestimmt wurden.

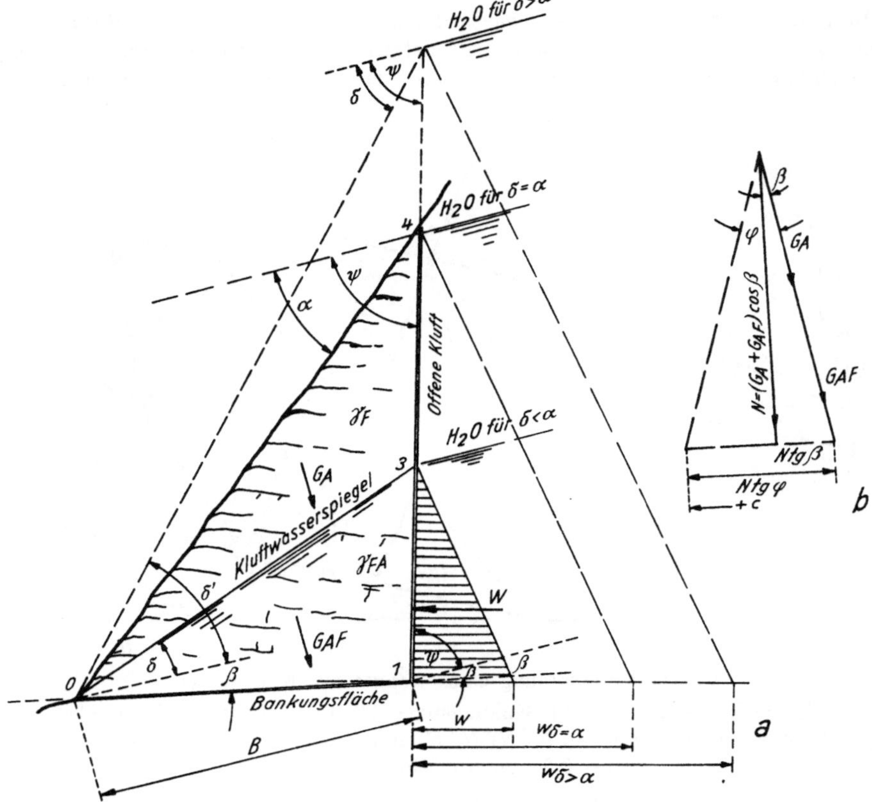

Abb. 9. Untersuchung eines zerklüfteten Hanges mit zum Hang fallenden Bankungsflächen und Kluftwasser (idealisiert)

a) Schema: γ_F Felsraumgewicht t/m³; γ_{FA} Felsraumgewicht unter Wasser in t/m³; α Neigung des Hanges; ψ Neigung einer offenen Kluft. b) Kräfteplan

Analysis of a jointed rock slope with bedding planes inclined towards the interior, and with joint water (idealized)

a) Scheme: γ_F volumetric weight of the rock t/m³; γ_{FA} volumetric weight of the rock under water t/m³; α inclination of the slope; ψ inclination of an open joint. b) Interplay of forces

Analyse d'un talus fissuré avec des plans de fissuration inclinés vers le talus, et avec eau dans les fissures (idéalisé)

a) Schéma: γ_F poids spécifique de roche t/m³; γ_{FA} poids spécifique de la roche immergée t/m³; α inclinaison du talus; ψ inclinaison d'une fissure ouverte. b) Polygone des forces

Für $\delta < \alpha$:

$$n = \dfrac{\left[\left(\dfrac{\sin\alpha}{\sin(\psi-\alpha)} - \dfrac{\sin\delta}{\sin(\psi-\delta)}\right)\cdot\gamma_F + \left(\dfrac{\sin\delta}{\sin(\psi-\delta)} + \dfrac{\sin\beta}{\sin(\psi+\beta)}\right)\cdot\gamma_{FA}\right] \times \times [\sin\beta + \cos\beta\,\mathrm{tg}\,\varphi] + \dfrac{2.c}{B.\sin(\psi+\beta)}}{\sin(\psi+\beta)\left[\dfrac{\sin\beta}{\sin(\psi+\beta)} + \dfrac{\sin\delta}{\sin(\psi-\delta)}\right]^2},$$

Für $\delta > \alpha$:

$$n = \dfrac{\left[\dfrac{\sin\beta}{\sin(\psi+\beta)} + \dfrac{\sin\alpha}{\sin(\psi-\alpha)}\right]\cdot\gamma_{FA}[\sin\beta + \cos\beta\,\mathrm{tg}\,\varphi] + \dfrac{2.c}{B.\sin(\psi-\beta)}}{\sin(\psi+\beta)\left[\dfrac{\sin^2\beta}{\sin^2(\psi+\beta)} + \dfrac{2.\sin\delta}{\sin(\psi-\delta)}\cdot\left(\dfrac{\sin\beta}{\sin(\psi+\beta)} + \dfrac{\sin\alpha}{\sin(\psi-\alpha)}\right) - \dfrac{\sin^2\alpha}{\sin^2(\psi+\alpha)}\right]}.$$

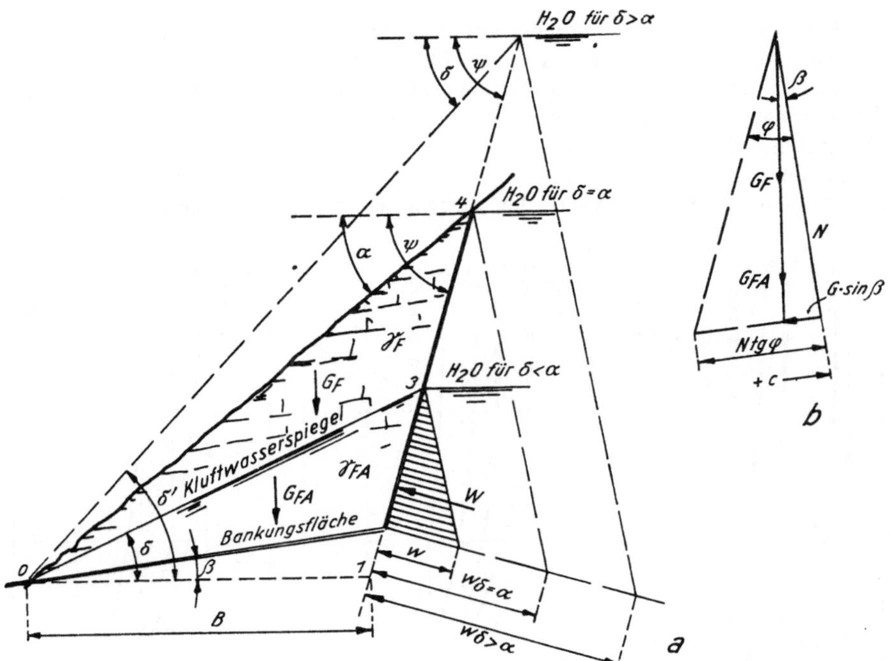

Abb. 10. Untersuchung eines zerklüfteten Hanges mit zum Tal fallenden Bankungsflächen und Kluftwasser (idealisiert)

a) Schema: γ_F Felsraumgewicht t/m³; γ_{FA} Felsraumgewicht unter Wasser t/m³. α Neigung des Hanges; ψ Neigung einer offenen Kluft; β Neigung der Bankungsflächen. b) Kräfteplan

Analysis of a jointed rock slope with bedding joints dipping towards the toe, with joint water (idealized)

a) Scheme: γ_F volumetric weight of the rock t/m³; γ_{FA} volumetric weight of the rock under water t/m³; α inclination of the slope; ψ inclination of an open joint; β inclination of the bedding planes. b) Interplay of forces

Analyse d'un talus fissuré avec des plans de fissuration inclinés vers l'aval et de l'eau dans les fissures (idéalisé)

a) Schéma: γ_F poids spécifique de la roche t/m³; γ_{FA} poids spécifique de la roche immergée t/m³; α inclinaison du talus; ψ inclinaison d'une fissure ouverte; β inclinaison des couches. b) Polygone des forces

Für $\delta < \alpha$:

$$n = \frac{\left[\left(\dfrac{\sin \alpha}{\sin (\psi - \alpha)} - \dfrac{\sin \delta}{\sin (\psi - \delta)}\right) \cdot \gamma_F + \left(\dfrac{\sin \delta}{\sin (\psi - \delta)} - \dfrac{\sin \beta}{\sin (\psi - \beta)}\right) \cdot \gamma_{FA}\right] \times \cos \beta \, \mathrm{tg}\, \varphi + \dfrac{2 \cdot c}{B \cdot \sin (\psi - \beta)}}{\left[\left(\dfrac{\sin \alpha}{\sin (\psi - \alpha)} - \dfrac{\sin \delta}{\sin (\psi - \delta)}\right) \cdot \gamma_F + \left(\dfrac{\sin \delta}{\sin (\psi - \delta)} - \dfrac{\sin \beta}{\sin (\varphi - \beta)}\right) \cdot \gamma_{FA}\right] \times \sin \beta + \sin (\psi - \beta)\left[\dfrac{\sin \delta}{\sin (\varphi - \delta)} - \dfrac{\sin \beta}{\sin (\psi - \beta)}\right]^2},$$

Für $\delta > \alpha$:

$$n = \frac{\left[\dfrac{\sin \alpha}{\sin (\psi - \alpha)} - \dfrac{\sin \beta}{\sin (\psi - \beta)}\right] \cdot \gamma_{FA} \cdot \cos \beta \, \mathrm{tg}\, \varphi + \dfrac{2 \cdot c}{B \cdot \sin (\psi - \beta)}}{\left[\dfrac{\sin \alpha}{\sin (\psi - \alpha)} - \dfrac{\sin \beta}{\sin (\psi - \beta)}\right] \cdot \gamma_{FA} \cdot \sin \beta + \sin (\psi - \beta) \times \left[\dfrac{\sin^2 \beta}{\sin^2 (\psi - \beta)} + \dfrac{2 \cdot \sin \delta}{\sin (\psi - \delta)} \cdot \left(\dfrac{\sin \alpha}{\sin (\psi - \alpha)} - \dfrac{\sin \beta}{\sin (\psi - \beta)}\right) - \dfrac{\sin^2 \alpha}{\sin^2 (\psi - \alpha)}\right]},$$

Auf diesen Grundlagen und bei der Annahme, daß der in einer offenen Kluft voll auftretende Wasserdruck aus einem Gebirgshang auf vorgegebener Gleitfläche einen ganzen Gebirgskeil herausdrücken könnte, wurden allgemeine Formeln des Gleichgewichtszustandes entwickelt (Abb. 9, 10).

Im Zähler dieser Ausdrücke erscheinen die Werte aller passiven Widerstände in der Gleitebene, also c, tg φ und die günstig wirkenden Eigengewichtskomponenten, im Nenner treten die Werte der aktiven Kräfte des Kluftwasserdruckes und

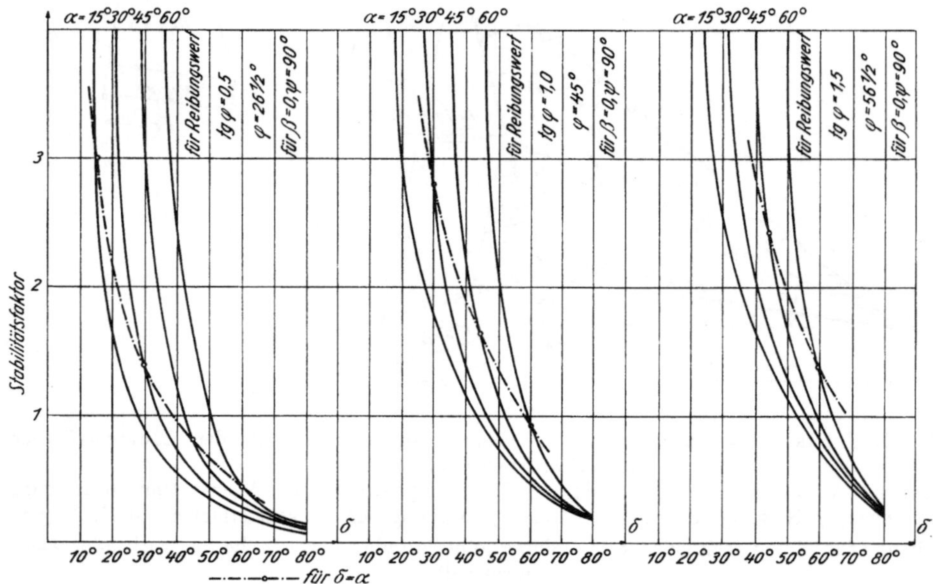

Abb. 11. Einfluß des Kluftwasserstandes auf die Stabilität des Hanges für Hangneigungen
$$\alpha = 15^0, \ 30^0, \ 45^0, \ 60^0$$

δ Kluftwasserspiegel-Gefälle zum Hangfuß hin; $\delta = \alpha$ das Kluftwasser erreicht die Hangoberfläche; $\delta > \alpha$ Kluftwasser am Austritt gehindert

Influence of the joint water level on the slope stability at an inclination of the slope
$$\alpha = 15^0, \ 30^0, \ 45^0, \ 60^0$$

δ joint water level-inclination towards the toe; $\delta = \alpha$ the joint water reaches the slope surface; $\delta > \alpha$ the joint water is prevented from flowing out

Influence du niveau de l'eau dans les fissures sur la stabilité du talus pour des inclinaisons de talus de $\alpha = 15^0, \ 30^0, \ 45^0, \ 60^0$

δ gradient de l'eau dans les fissures vers le pied du talus; $\delta = \alpha$ l'eau de fissuration atteint la surface du talus; $\delta > \alpha$ pas découlement possible de l'eau dans les fissures

bei ungünstiger Bankungsneigung die zum Tal hin wirkenden Kraftkomponenten des Eigengewichtes der über der Gleitebene liegenden Massen auf.

Die oben entwickelten Gleichungen lassen erkennen, daß unter den getroffenen Voraussetzungen einzelne Faktoren die Stabilität eines Hanges wesentlich beeinflussen. So kann ein verschieden hoher Bergwasserspiegel, ausgedrückt durch δ, in einem unter dem Winkel α geneigten Hang berücksichtigt werden, und zwar von $\delta < \alpha$ bis zur vollkommenen Hangfüllung $\delta = \alpha$ und sogar darüber hinaus bis zu $\delta > \alpha$, wenn das Bergwasser z. B. wegen gefrorener Oberflächenschichten nicht mehr aus dem Hang treten kann und dann einen hydrostatischen Überdruck erzeugt (Abb. 10).

Die Sicherheit von Felsböschungen wird ferner davon beeinflußt, ob die Schicht-oder Kluftflächen zum Hangfuß hin ($+\beta$) oder in den Berg hinein ($-\beta$) einfallen.

Die Kohäsion in den Schicht- und Kluftflächen wurde in den weiteren Berechnungen zugunsten einer größere Stabilität des Hanges vernachlässigt ($c = 0$). Dadurch wird die Formel von der Tiefe B des Gleitkeiles unabhängig und kann für größere und kleinere Hangkeile in gleicher Weise herangezogen werden.

Die Auswertung der in Abb. 9 und 10 gegebenen Gleichungen und die graphische Darstellung der aus ihnen hervorgehenden Wertepaare in Abb. 11 zeigt für $\beta = 0$ folgendes:

1. In allen Fällen wächst der Stabilitätsfaktor n proportional mit dem Reibungswiderstand $\mathrm{tg}\,\varphi$.

2. Ein schwach geneigter Hang ($\alpha = 15^0$ bis 30^0) weist auch bei vollem Kluftwasserdruck einen noch hohen Stabilitätsfaktor auf, und zwar einen umso höheren, je größer der Reibungswert $\mathrm{tg}\,\varphi$ ist; bei $\alpha = 45^0$ bis 60^0 wird der Hang erst bei etwa $\varphi = 56^0$ stabil.

3. Ein Ansteigen des Bergwasserspiegels, ausgedrückt durch δ, läßt auch im Bereich $\delta < \alpha$, also in einem teilweise mit Wasser gesättigten Hang, den Stabilitätsfaktor rasch abfallen.

4. Bei $\delta = \alpha$ (wassergefüllte Klüfte im gesamten Hang) wird der Stabilitätsfaktor kleiner als „eins" ($n < 1$). Erst bei höherem $\mathrm{tg}\,\varphi$ steigt n wieder über den Wert 1.

5. Bei $\delta > \alpha$, also im Bereich hydrostatischen Überdruckes, wird der Stabilitätsfaktor erst bei sehr hohen Reibungswerten $\mathrm{tg}\,\varphi$ größer als „eins".

In dem Falle, daß der Hang bis zu seiner Oberfläche unter Kluftwasserdruck steht ($\alpha = \delta$), bewirkt bei steilen Hängen ($\alpha > 60^0$) Steilerstellung der Bankungsflächen ein gleichmäßiges Absinken der Stabilität.

Bei flacheren Hängen (30^0 bis 15^0) ergeben sich erstaunlich geringe Unterschiede in der Stabilität, je nachdem, ob die Bankungsflächen gegen den Hang ($-\beta$) oder gegen das Tal ($+\beta$) hin einfallen. Hänge mit zum Tal fallenden Schichten zeigen natürlich eine raschere Änderung von n bei abnehmender Neigung als die Bereiche, in denen die Schichten gegen den Hang einfallen. Auch zeigt sich, daß bei sehr flachen Hangneigungen ($\alpha = 15^0$) die dem Kluftwasser ausgesetzte Fläche im Verhältnis zur langen Gleitfläche klein wird und ein Emporschnellen des Stabilitätsfaktors bei horizontaler Bankung ($\beta = 0$) bewirkt.

IV. Beispiel

Zum Schluß sei nach den vorgenannten Gesichtspunkten der Hang-Grundbruch diskutiert, der sich in den Paragneisen an der Dobra-Sperre am Kamp (Niederösterreich) ereignete. Auf einer ca. 22 m langen, unter $\beta = 22^0$ geneigten und mit weichen Zwischenlagen gefüllten Bankungskluft schob das Kluftwasser bzw. das Wasser, das aus einem undichten Umlaufstollen austrat und die unter $\psi = 65^0$ geneigten, offenen Klüfte füllte, einen Felskeil gegen das Tal zu.

1. Wenn angenommen wird, der unter 34^0 geneigte Hang wäre dem hydrostatischen Druck des als Freispiegelstollen wirkenden Umlaufstollens nur schwach ausgesetzt gewesen (also $\delta = 15^0 < 34^0$), so ergibt sich für den Stabilitätsfaktor

$$n_{15} = 2{,}160 + 5{,}350 \cdot \mathrm{tg}\,\varphi + 0{,}180 \cdot c;$$

dann wäre n_{15} auf jeden Fall größer als 1 gewesen.

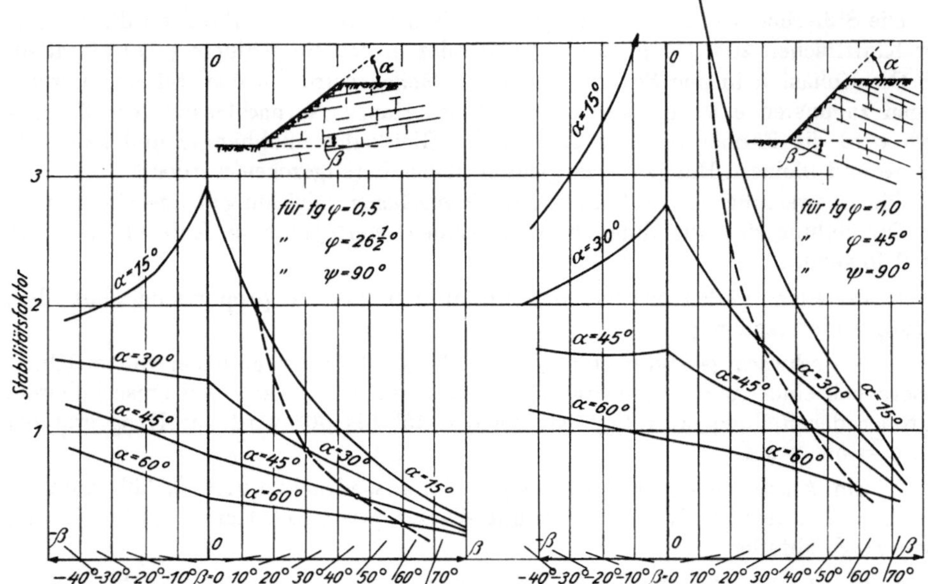

Abb. 12. Einfluß der Schichtneigung auf die Stabilität eines bis zur Oberfläche von Kluftwasser erfüllten Hanges ($\alpha = \delta$)

$\pm \beta$ Neigung der Bankungsschichten; $-\beta$ zum Hangfuß steigend; $+\beta$ fallend

The influence of the inclination β of strata on the stability of a slope; rock filled with
joint water up to the surface ($\alpha = \delta$)

$\pm \beta$ inclination of the layers; $-\beta$ rising to the toe of the bank; $+\beta$ falling

Influence de l'inclinaison de la stratification sur la stabilité d'un talus avec eau dans les
fissures jusqu'à sa surface ($\alpha = \delta$)

$\pm \beta$ inclinaison des couches de stratification; $-\beta$ inclinaison vers le haut; $+\beta$ vers le bas

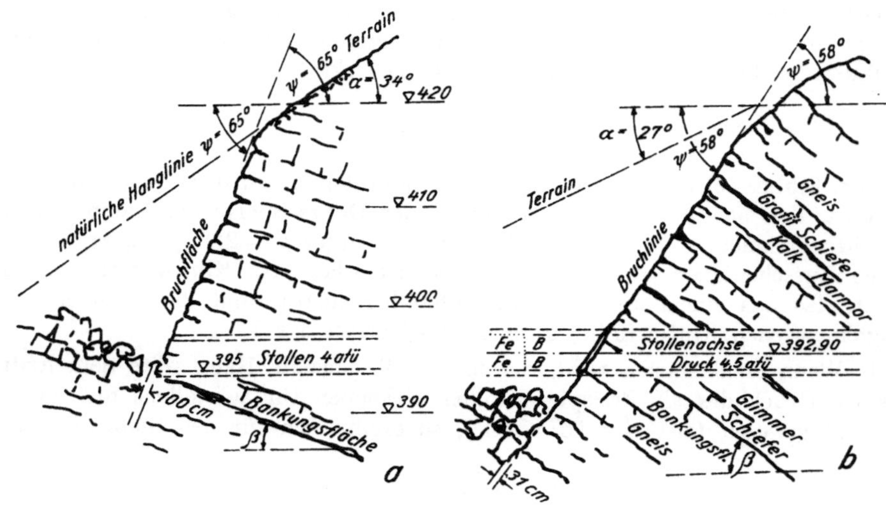

Abb. 13

2. Wenn angenommen wird, der Hang wäre bis an seine Oberfläche mit Kluftwasser gefüllt gewesen ($\delta = \alpha = 34^0$), was durch Wasseraustritt aus dem Hang festzustellen gewesen wäre, so ergibt sich ein Stabilitätsfaktor

$$n_{34} = 0,383 + 0,985 . \operatorname{tg}\varphi + 0,043 . c.$$

Rein statisch gesehen, wäre dann bereits $n < 1$ gewesen; nur durch eine höhere Kluftreibung wäre ein $n > 1$ möglich gewesen.

Abb. 13. Beispiele hydraulischer Felsgrundbrüche

a) Dobra, linker Talhang des Kampflusses. Gneis-Formationen, geschichtet; Bankungsklüfte, gefüllt mit glimmerreichem Verwitterungsmaterial; Querklüfte offen, mit Wasser vom Druckstollen aufgefüllt. Hangneigung $\alpha = 34^0$; Bankungsflächen $\beta = 22^0$; Kluftflächen $\psi = 65^0$; Kluftwasser nicht vorhanden $\delta = 0$; Kluftwasser bis zur Hangoberfläche $\delta = 34^0 = \alpha$; Kluftwasser unter hydrostatischem Druck $\delta = 46^0$

für $\delta = 0$ ist $n_0 = 8{,}76 + 21{,}6 \operatorname{tg}\varphi + 0{,}645 . c$
für $\delta = 15^0$ ist $n_{15} = 2{,}160 + 5{,}350 \operatorname{tg}\varphi + 0{,}180 . c$
für $\delta = 34^0$ ist $n_{34} = 0{,}383 + 0{,}985 \operatorname{tg}\varphi + 0{,}043 . c$
für $\delta = 46^0$ ist $n_{46} = 0{,}146 + 0{,}361 \operatorname{tg}\varphi + 0{,}016 . c$

b) Genitzbach, östlicher Talhang. Gneis-Formation, geschichtet, mit Graphitschiefer- und Marmorkalk-Einlagen; Bankungsklüfte gefüllt mit glimmerreichem Verwitterungsmaterial; Querklüfte offen, in Oberflächennähe teilweise lehmig gefüllt. Hangneigung $\alpha = 27^0$; Bankungsflächen $\beta = 41^0$; Kluftflächen $\psi = 58^0$; Kluftwasser nicht vorhanden $\delta = 0$; Kluftwasser bis zur Hangoberfläche $\delta = 27^0 = \alpha$; Kluftwasser unter hydrostatischem Druck $\delta = 35^0$

für $\delta = 0$ ist $n_0 = 4{,}800 + 5{,}550 \operatorname{tg}\varphi + 0{,}153 . c$
für $\delta = 15^0$ ist $n_{15} = 0{,}980 + 1{,}130 \operatorname{tg}\varphi + 0{,}057 . c$
für $\delta = 27^0$ ist $n_{27} = 0{,}650 + 0{,}742 \operatorname{tg}\varphi + 0{,}028 . c$
für $\delta = 35^0$ ist $n_{35} = 0{,}360 + 0{,}414 \operatorname{tg}\varphi + 0{,}016 . c$

Examples of hydraulic ground failures in rock

a) Dobra, left bank of the Kamp river, gneiss formation, stratified. Stratification joints, filled with weathered material rich in mica. Transversal joints open, filled with water from the pressure tunnel. Inclination of the slope $\alpha = 34^0$; stratification planes $\beta = 22^0$; joint planes $\psi = 65^0$; no joint water $\delta = 0$; joint water up to the slope surface $\delta = 34^0 = \alpha$; joint water under hydrostatic pressure $\delta = 46^0$

b) Genitzbach, eastern bank, gneiss formation, stratified, with intercalations of graphite schist and marble. Stratification joints filled up with weathered material. Transversal joints open, near the surface partly filled up with loam. Inclination of the slope $\alpha = 27^0$; stratification planes $\beta = 41^0$; joint planes $\psi = 58^0$; no joint water $\delta = 0$; joint water up to the slope surface $\delta = 27^0 = \alpha$; joint water under hydrostatic pressure $\delta = 35^0$

Exemple des ruptures hydrauliques de massifs rocheux

a) Dobra, rive gauche de la rivière Kamp. Formations de Gneiss, stratifiées; fissures de stratification, remplies de matériaux d'altération, riche en mica; fissures transversales ouvertes, remplies d'eau par les galeries en charge. Inclinaison de la pente $\alpha = 34^0$; plans de stratification $\beta = 22^0$; plans des fissures $\psi = 65^0$; sans eau dans les fissures $\delta = 0$; avec eau dans les fissures jusqu'à la surface de la rive $\delta = 34^0 = \alpha$; eau dans les fissures sous pression hydrostatique $\delta = 46^0$

b) Genitzbach, rive est. Formation de Gneiss, stratifiée, avec des couches intermédiaires de schiste de graphite et calcaire marbre; joints de stratification remplies de matériaux d'altération, riche en mica; fissures transversales ouvertes, au voisinage de la surface en partie remplies d'argile. Inclinaison du talus $\alpha = 27^0$; plans de stratification $\beta = 41^0$; plans des fissures $\psi = 58^0$; sans eau dans les fissures $\delta = 0$; avec eau dans les fissures jusqu'à la surface de la rive $\delta = 27^0 = \alpha$; eau dans les fissures sous pression hydrostatique $\delta = 35^0$

3. Wenn angenommen wird, derselbe Hang hätte bei geschlossener Oberfläche unter einem um 16 m höheren hydrostatischen Kluftwasserdruck gestanden (also $\delta = 46^0 > a$), so ergibt sich für den Stabilitätsfaktor auch bei größeren Reibungswinkeln φ bereits ein $n < 1$:

$$n_{46} = 0{,}146 + 0{,}361 \cdot \mathrm{tg}\,\varphi + 0{,}016 \cdot c.$$

Beim Vergleich der Faktoren $\mathrm{tg}\,\varphi$ und c erkennt man den geringen Einfluß von c in diesen Fällen; mit steigendem Kluftwasserspiegel sinkt er auf einen unbedeutenden Wert ab (für $\delta - 34^0$ 46^0; $c = 0{,}043$ $0{,}016$). Andererseits erkennt man den großen Einfluß des hydrostatischen Kluftwasserdruckes auf die Verminderung des

Abb. 14. Grundbruch Dobra. Bruchfläche des linken Hanges; freigelegte Abbruchfläche und Bankungsklüfte

Ground failure Dobra. Fracture surface on the left bank; uncovered failure surface and stratification joints

Rupture de massif rocheux à Dobra. Plan de rupture de la rive gauche; surface de rupture et fissures de stratification

Faktors von $\mathrm{tg}\,\varphi$ bei steigendem Wasserspiegel, besonders wenn der Hang völlig gefüllt ist oder wenn es durch Hangverschlüsse zu einem Überdruck kommt (Beiwerte von $\mathrm{tg}\,\varrho$ sind: 5,350 0,985 0,361). Diese starke Abminderung des Beiwertes von tg ϱ ist durch die Vergrößerung des Auftriebes, also durch die Verminderung der Normalkraft des Eigengewichtes auf die Gleitfuge und damit der Reibung, zu erklären.

Für einen noch als möglich anzusehenden Gleichgewichtszustand mit $n = 1$ können aus diesen Gleichungen unter Vernachlässigung der Kohäsion folgende Werte für tg φ und φ abgeleitet werden:

Bei wassergefüllten Klüften bis zur Hangoberfläche

für $\qquad\qquad \delta = 34^0,\ \mathrm{tg}\,\varphi = 0{,}63,\ \varphi = 32^0.$

Unter hydrostatischem Überdruck

für $\qquad\qquad \delta = 46^0 > \alpha,\ \mathrm{tg}\,\varphi = 2{,}36,\ \varphi = 67^0.$

Es müßte also in den Bankungsklüften ein großer Reibungswiderstand vorhanden gewesen sein, um den Hang so lange stabil zu halten.

Abb. 15. Grundbruch Genitzbach. Östlicher Talhang nach dem Bruch; Bankungsklüfte und (links oben) Abbruchfläche
Ground failure Genitzbach. Eastern bank after failure; stratification joints and (left above) fracture surface
Cas de rupture au Genitzbach. Rive est après la rupture; fissures de stratification et (en haut à gauche) surface de rupture

Berücksichtigt man die aus Laboratoriumsversuchen ermittelte Kohäsion der Kluftzwischenmittel von 0,8 kg/cm², dann würden sich folgende Werte errechnen:

Bei $\delta = 34^0$: $\qquad\qquad \mathrm{tg}\,\varphi = 0{,}28,\ \varphi = 16^0.$

Bei $\delta = 46^0$: $\qquad\qquad \mathrm{tg}\,\varphi = 2{,}00,\ \varphi = 64^0.$

Ähnliche Werte ergaben sich bei einem anderen Grundbruch, der im Genitzbach an der Triebwasserleitung Dobra-Krumau eintrat (vgl. Abb. 13) und nach dem gleichen Verfahren und mit denselben Voraussetzungen berechnet wurde, bei $a = 27^0$, $\beta = 41^0$, $\psi = 58^0$:

$$\text{für} \quad \delta = 15^0, \quad n_{15} = 0{,}980 + 1{,}130 \, \text{tg} \, \varphi + 0{,}057 \, c,$$

$$\text{für} \quad \delta = 27^0, \quad n_{27} = 0{,}650 + 0{,}742 \, \text{tg} \, \varphi + 0{,}018 \, c,$$

$$\text{für} \quad \delta = 35^0, \quad n_{35} = 0{,}360 + 0{,}414 \, \text{tg} \, \varphi + 0{,}016 \, c.$$

Es würden sich also die in der Tab. 1 angeführten, relativ hoch erscheinenden Reibungswerte auch an diesen Beispielen bestätigen.

Literatur

Bendel, L.: Ingenieur-Geologie. S. 832. Wien: Springer (1949).

Borowicka, H.: Österr. Ing.-Zeitschrift 1962/VI.

Breth: Die Bautechnik 1956.

Clar, E.: Gefüge und Verhalten von Felskörpern in geologischer Sicht. Felsmech. u. Ing.-Geol. *1*, 4 (1963).

Fellenius, W.: Erdstatische Berechnungen mit Reibung, Kohäsion (Adhäsion) und unter Annahme kreiszylindrischer Gleitflächen. S. 48. Berlin: Ernst (1940).

Fröhlich, O. K.: Über den Sicherheitsgrad von Böschungen, Dämmen und seitlich gestützten Erdkörpern gegen Rutschung auf kreiszylindrischer Gleitfläche. Österr. Bauzeitschr. *4*, 69 (1949).

Henkel, D. J.: Stability of the Foundation of Monar Dam.

Jaeger, Ch.: Die Bautechnik 1962, Heft 3.

Knill, J. L., Lloyd, D. G. und A. W. Skempton: VIII. Internationaler Talsperrenkongreß. Edinburgh, Vol. I, 425 (1964).

Jaeger, Ch.: Rock Mechanics and hydropower Engineering. Water Power (1961).

Fröhlich, O. K.: Sicherheit gegen Rutschung einer Erdmasse auf kreiszylindrischer Gleitfläche mit Berücksichtigung der Spannungsverteilung in dieser Fläche. Federhofer-Girkmann-Festschrift (1950).

Jimenez-Salas, J. A. und S. Uriel: Some recent Rock Mechanics Testing in Spain. VIII. Internationaler Talsperrenkongreß. Edinburgh, Vol. I, 995 (1964).

Kastner, H.: Über die Anwendung der technischen Mechanik in der tektonischen Geologie. Geol. u. Bauw. *20*, 56 (1953).

Keil, K.: Die Baugrundsicherung von Stauanlagen (Talsperren). Geol. u. Bauw. *22*, 114 (1956).

Kieser, A.: Druckstollenbau. S. 218. Wien: Springer (1960).

Krsmanovic, D. and Z. Langof: Large Scale Laboratory Tests of the Shear Strength of Rocky material. Felsmech. u. Ing.-Geol., Suppl. I, 20 (1964).

Malina, J.: Großscherversuch im Phyllitschiefer. Geol. u. Bauw. *27* (1962).

Müller, L.: Der Einfluß des Bergwassers auf die Standfestigkeit der Felswiderlager von Talsperren. Österr. Wasserwirschaft *12*, 168 (1960).

Müller, L.: Das Kräftespiel im Untergrund von Talsperren. Geol. u. Bauwes. *26*, 142 (1961).

Müller, L.: Die Standfestigkeit von Felsböschungen als spezifisch geomechanische Aufgabe. Felsmech. u. Ing.-Geol. *1* (1963).

Müller, L.: Der Felsbau. Bd. I, 624 S. Stuttgart: Enke (1963).

Müller, L. und F. Pacher: Die Sicherung des Talsperrenaushubes mit talwärts fallenden Gleitschichten. Geol. u. Bauw. *23*, 82 (1957).

Pacher, F.: Die Lage des Dichtungsschirmes von Bogenstaumauern und ihr Einfluß auf die Standsicherheit der Felswiderlager. Felsmech. u. Ing.-Geol. *1*, 120 (1963).

Redlich, K., Terzaghi, K. v. und R. Kampe: Ingenieur-Geologie. Wien: Springer (1929).

Ripley, C. F. and K. L. Lee: Sliding Friction Tests on Sedimentary Rock Specimens. VII. Internationaler Talsperrenkongreß. Rom. Vol. IV, 656 (1961).

Rocha, M.: Some Problems on Failure of Rock Masses. Felsmech. und Ing.-Geol., Suppl. I, 1 (1964).

Rocha, M.: Mechanical Behaviour of Rock Foundations in Concrete Dams. VIII. Internationaler Talsperrenkongreß. Edinburgh, Vol. I, 785 (1964).

Sarmento, G. and L. Vaz: Cambambe Dam Problems posed by the Foundations Ground and their Solution. VIII. Internationaler Talsperrenkongreß. Edinburgh, Vol. I, 443 (1964).

Scheiblauer, J.: Modellversuche zur Klärung des Spannungszustandes in steilen Böschungen. Felsmech. u. Ing.-Geol. 1 (1963).

Scheidegger, A. E.: Hydraulic Effects in Geodynamics. Geo. u. Bauw. 25, 3 (1959).

Sonntag, G.: Aufnahme von Fundamentkräften in talwärts fallende Gleitschichten. Geol. u. Bauw. 23, 99 (1957).

Stini, J.: Talauswärtsfallende Schichten und Talsperrenbau. Geol. u. Bauw. 19, 254 (1952).

Stini, J.: Neuere Ansichten über „Bodenbewegungen" und über ihre Beherrschung durch den Ingenieur. Geol. u. Bauw. 19, 31 (1952).

Stini, J.: Felsgrundbrüche im Baugelände von Wasserkraftanlagen. Geol. u. Bauw. 22, 224 (1956).

Stini, J. und H. Petzny: Wassersprengung und Sprengwasser. Geol. u. Bauw. 22, 141 (1956).

Terzaghi, K. v.: Stability of steep slopes on hard, unweathered rock. Geotechnique 12 (1962).

Vischer, S.: Congress de Mécanique des sols et des Travaux de Fondations 1961.

Wilhelm, J.: Observation des mouvements d'une nappe d'eau souterraine entousant une galerie d'adduction d'eau en roches. Schweiz. Bauztg. 82, 21 (1964).

Wittke, W.: Ein rechnerischer Weg zur Ermittlung der Standsicherheit von Böschungen in Fels mit durchgehenden, ebenen Absonderungsflächen. Felsmech. u. Ing.-Geol., Suppl. I, 103 (1964).

Die Spannungsverteilung im Gebirge in Talsperrenwiderlagern bei verschiedener Richtung der Krafteinleitung

Von

R. Hiltscher, Stockholm*

Mit 10 Textabbildungen

Zusammenfassung — Summary — Résumé

Die Spannungsverteilung im Gebirge in Talsperrenwiderlagern bei verschiedener Richtung der Krafteinleitung. Um Unterlagen bezüglich der Beanspruchung des Gebirges für den Entwurf von Talsperren- und ähnlichen Widerlagern bereitzustellen, wurde mit Hilfe von ebenen spannungsoptischen Modellversuchen die grundsätzliche Spannungsverteilung im isotrop angenommenen Gebirge in der Umgebung solcher Krafteinleitungen bei verschiedenem Einfallswinkel der Kraft studiert. Aus der so erhaltenen Spannungsverteilung für das Kontinuum können dann Schlüsse auf das Verhalten des Kluftkörperverbandes des Gebirges im jeweils vorliegenden praktischen Falle gezogen werden.

Rock stress distribution in dam abutments with different directions of the acting force. In order to obtain a conception concerning the rock stresses for the design of dam abutments, the principal stress distribution in the rock around the abutment was studied for different angles of the acting force by means of plane photoelastic model tests. On the basis of the stress distributions thus obtained for the continuum, it is possible to estimate the behaviour of the actual rock structure. — In the figures 6—10 diagrams for the principal stresses are shown for five cases, from which also the direction and the size of the maximum shear stresses will easily be read. From the diagrams it will be seen that tensile stresses due to "suspension" and "tearing-off" of the abutment (see [2], [3] and [4]) will be more and more important as the angle of incidence α decreases. The application of these results to the actual rock structure is discussed.

Répartition des contraintes dans les roches sous les culées de barrage avec des différentes directions de la force appliquée. Dans l'étude des projets des appuis de barrage ou autres constructions on a besoin d'informations sur la répartition des contraintes dans le rocher. Dans l'étude suivante on a étudié cette répartition à l'aide d'essais photo-élastiques pour une force appliquée faisant des angles variables avec le modèle. Les résultats sont obtenus dans la matière isotrope du modèle; ils permettent cependant de tirer des conclusions qui peuvent être utilisées dans les différentes conditions qui se présentent actuellement dans le corps rocheux fissuré. Les figures No. 6—10 montrent les contraintes principales obtenues dans les cinq cas examinés. Ces diagrammes laissent également apparaître la direction et la grandeur de la contrainte maximum de cisaillement. Avant tout on peut observer dans les diagrammes comment les tensions de "suspension" et de "déchirement" (voir [2], [3] et [4]) augmentent quand on diminue l'angle d'attaque, α. Les résultats des essais sur modèle permettent d'établir des conclusions dans le cas de massifs rocheux fissurés.

---

* Dozent Dr.-Ing. R. Hiltscher, Staatliche Kraftwerksverwaltung, Stockholm, Schweden.

I. Einleitung

Beim Entwurf von Widerlagern für Talsperren ist es von Bedeutung, daß man sich über Art und Größe der Beanspruchung des Gebirges in der Umgebung des Widerlagers einigermaßen im klaren ist. Das Auftreten von Zugspannungen z. B. bedeutet ja im allgemeinen, daß sich der Kluftkörperverband des Gebirges lockert und daß als weitere Folge der Druck des eindringenden Wassers wirksam wird. Durch die Wahl des Bauplatzes und eines geeigneten Winkels der Krafteinleitung sowie durch geeignete Verstärkungsmaßnahmen kann man die Verhältnisse unter Umständen günstiger gestalten.

Da im vorliegenden Falle beabsichtigt ist, allgemein gültige Unterlagen zur Gewinnung einer Übersicht zu schaffen, kann man den Modellversuch zunächst nicht für einen bestimmten Kluftkörperverband durchführen, sondern muß mit isotropem Modellmaterial arbeiten. Von vornherein ist dabei jedoch klar, daß man die für das Kontinuum erhaltenen Spannungen nicht direkt auf das wirkliche Gebirge übertragen kann. Man benützt die am Modell gemessene Spannungsverteilung lediglich dazu, um die Reaktion des im praktischen Falle vorliegenden Kluftkörperverbandes auf eine solche Beanspruchung zu beurteilen.

II. Vorüberlegungen

In jedem ebenen Schnitt durch ein Talsperrenwiderlager senkrecht zu dessen Auflagerlinie herrscht ein ebener Verformungszustand, der bekanntlich an einem ebenen Modell mit entsprechendem ebenen Spannungszustand studiert werden kann. Zur Lösung des Problems bietet sich deshalb besonders der ebene spannungsoptische Modellversuch an.

In Abb. 1 ist die praktische Gestaltung eines Auflagers skizziert. Um die Problemstellung so weit wie möglich zu verallgemeinern und um sie an frühere Untersuchungen des Verfassers[2—4] anschließen zu können, wurde das Modell für die

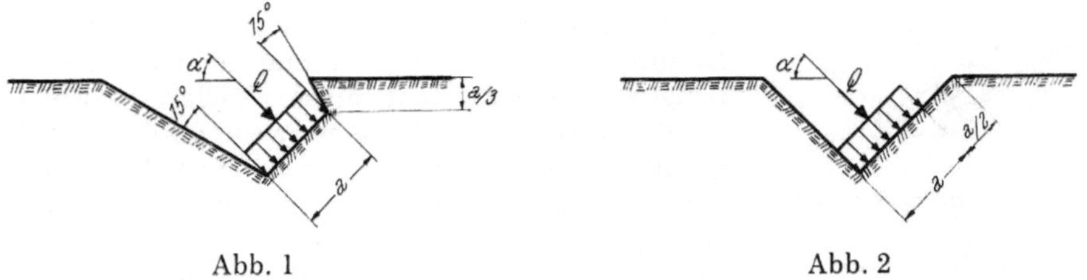

Abb. 1   Abb. 2

Abb. 1. Übliche Ausführung eines Talsperrenwiderlagers
Conventional design of a dam abutment
Conception classique d'une culée de barrage

Abb. 2. Vereinfachtes Modell eines Widerlagers
Simplified model of an abutment
Modèle simplifié d'une culée de barrage

Untersuchungen im Vergleich zur wirklichen Ausführung etwas vereinfacht (siehe Abb. 2). Für die Spannungsverteilung ist dies ohne Einfluß, da die hierbei abgeschnittenen bzw. zugefügten Ecken praktisch ohnehin spannungslos bleiben. — In der früheren Arbeit[4], die sich mit den Zugspannungen an einem belasteten treppenförmigen Absatz befaßt (vergleiche auch Abb. 3, Fall $\alpha = 0^0$), wurde festgestellt, daß man keine wesentliche Verminderung der Zugspannungen bzw. Zugkräfte mehr erzielt, wenn man den lastfreien Überstand der Treppenstufe über die halbe Lastbreite hinaus vergrößert. Dieser wirtschaftlichste lastfreie Überstand $a/2$ wurde deshalb auch für die vorliegenden Untersuchungen verwendet, und zwar gleichbleibend für die verschiedenen Krafteinleitungswinkel. Die Übereinstimmung mit dem praktisch üblichen Maß (vergleiche Abb. 1) ist gut. — Da die wirkliche Verteilung der Last nicht bekannt ist, wurde bei den Versuchen einheitlich eine gleichmäßige Lastverteilung zugrunde gelegt.

Um Klarheit über die grundsätzliche Änderung der Spannungsverteilung mit dem Winkel der Krafteinleitung zu bekommen, wurde dieser Winkel bei der Untersuchung in verhältnismäßig weiten Grenzen variiert und auch die beiden Grenzfälle $\alpha = 90^0$ und $\alpha = 0^0$ mit einbezogen. Die untersuchten Fälle sind in Abb. 3 zusammengestellt.

Die Grenzfälle $\alpha = 90^0$ und $\alpha = 0^0$ wurden in anderem Zusammenhang[2—4] schon eingehend und mit weit mehr Meßpunkten studiert, als dies für die vorliegende Studie notwendig ist. In ihr wird ja nur angestrebt, eine Übersicht über die grundsätzliche Spannungsverteilung in den verschiedenen Lastfällen zu gewinnen. Das Ziel der genannten früheren Untersuchungen war, Zugspannungs- und vor allem Zugkraftdiagramme als Unterlage für die Bemessung der Bewehrung einer entsprechenden Betonkonstruktion bereitzustellen. Manche grundsätzlichen Erkenntnisse dieser Arbeiten lassen sich jedoch direkt auf die neue Problemstellung übertragen.

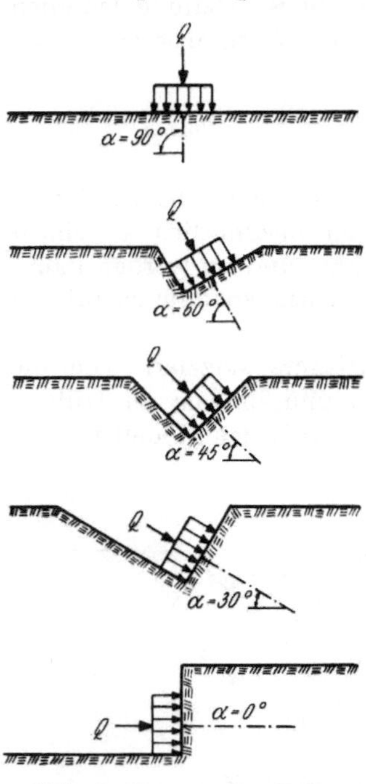

Abb. 3. Untersuchte Fälle

Cases examined

Différents cas étudiés

III. Versuchstechnik und Messungen

Aus den Vorstudien zu [4] waren die minimalen Abmessungen der Modellscheibe bekannt, für die der Spannungszustand um die Lasteinleitung unabhängig von der Einspannung der Modellscheibe wird. Mit Rücksicht darauf wurde die Modellscheibe mit der Breite 70 a und der Höhe 25 a gewählt (wobei a die Lastbreite bedeutet) und zur Einspannung längs einer Langseite an eine Stahlschiene verleimt. — Die Last wurde durch eine mit Hilfe einer empfindlichen Libelle genau auf den geforderten Winkel einstellbare Pendelstütze eingeleitet, die gleichzeitig mittels geeignet angebrachter Drahtdehnungsgeber zur Messung der aufgebrachten Last diente. Zur Erzielung einer angenähert gleichmäßig verteilten Last kam das in [2] beschriebene Miniatur-Waagebalkensystem zur Verwendung.

Abb. 4 zeigt eines der erhaltenen Isochromenbilder. Die Isochromen stellen, wie bekannt, Niveaulinien gleicher Hauptspannungsdifferenz bzw. gleicher maximaler Schubspannung in der Modellebene dar. Bezüglich der Hauptspannungen gibt das Isochromenbild im vorliegenden Falle recht wenig Auskunft, besonders da die Spannungen an den lastfreien Rändern hier nicht weiter interessieren. Das Spannungsfeld wurde deshalb nach der spannungsoptischen Standardmethode[5, 6] punkteweise ausgemessen, wobei die Hauptspannungsdifferenz aus den Isochromen, die Richtung der Hauptspannungen aus den Isoklinen und die Spannungssumme aus der Dickenänderung des ebenen Modells im Meßpunkt unter der Belastung, gemessen mit dem Lateralextensometer nach Hiltscher, bestimmt werden. Zur Ausschaltung von Kriecherscheinungen erfolgt die Messung in periodischen Belastungs- und Entlastungsfolgen.

Was die Übertragung der Meßergebnisse am Modell auf die Großausführung betrifft, so gilt, daß der Spannungszustand beim vorliegenden Problem unabhängig von den elastischen Konstanten des Materials, also auch von der Querkontraktions-

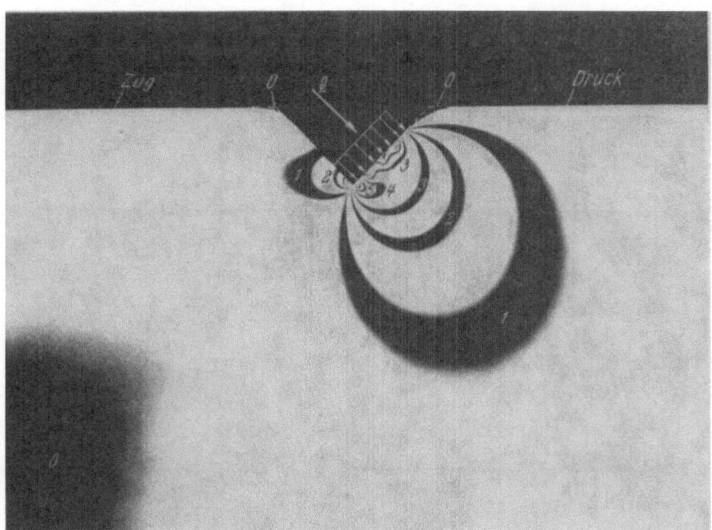

Abb. 4. Isochromenbild des Modells für den Fall $\alpha = 45^0$

Isochromatic fringe pattern of the model for the case $\alpha = 45^0$

Photographie des isochromes pour $\alpha = 45^0$

zahl ist. Eine dimensionslose Darstellung der Spannungen mit der Bezugsspannung $q = Q/at$, also dem mittleren Flächendruck auf das Auflager, gilt dann unabhängig von den absoluten Dimensionen für Modell und Großausführung.

Die Ergebnisse der Untersuchung sind in den Diagrammen der Abb. 6 bis 10 wiedergegeben. Die verwendete neue Darstellung ist etwas ungewohnt. Die Kreuze kennzeichnen die Hauptspannungsrichtungen im jeweiligen Modellpunkt, wobei die algebraisch größere Hauptspannung σ_1 durch eine ausgezogene, die algebraisch kleinere Hauptspannung σ_2 aber durch eine gestrichelte Linie dargestellt ist. Aus der Gesamtheit dieser Richtungskreuze bekommt man eine für den praktischen Gebrauch vollauf genügende Vorstellung des Bildes der Hauptspannungstrajektorien. Die Größe der beiden Hauptspannungen ist entlang aller horizontalen und einzelnen vertikalen Netzlinien senkrecht zu diesen aufgetragen, wobei die Hauptspannungen wieder in der beschriebenen Weise unterschieden sind und Zugspannungen nach oben bzw. links, Druckspannungen aber nach unten bzw. rechts aufgetragen werden.

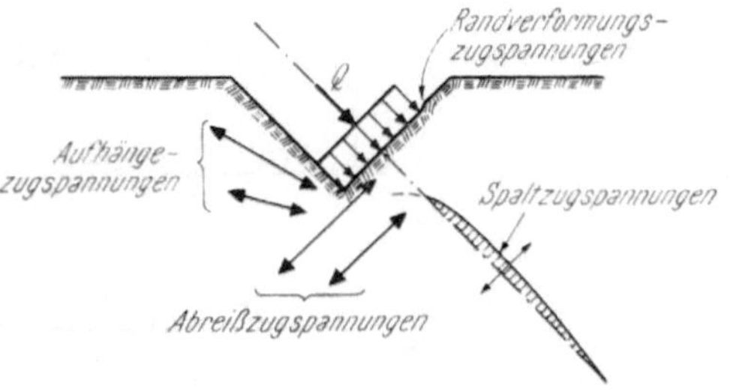

Abb. 5. Verschiedene Arten von Zugspannungen in der Nähe eines Widerlagers (vgl. [2], [3] und [4])

Different types of tensile stresses in the vicinity of an abutment (to compare [2], [3] and [4])

Différents genres de traction au voisinage d'une culée (comparer [2], [3] et [4])

Bei dieser Darstellungsweise läßt sich die Variation der beiden Hauptspannungen und ebenso die der maximalen Schubspannung $\tau_{\max} = {}^1\!/_2\,(\sigma_1 - \sigma_2)$ und ihrer Richtung (45^0 zu den Hauptspannungsrichtungen) im ganzen Spannungsfeld leicht überblicken.

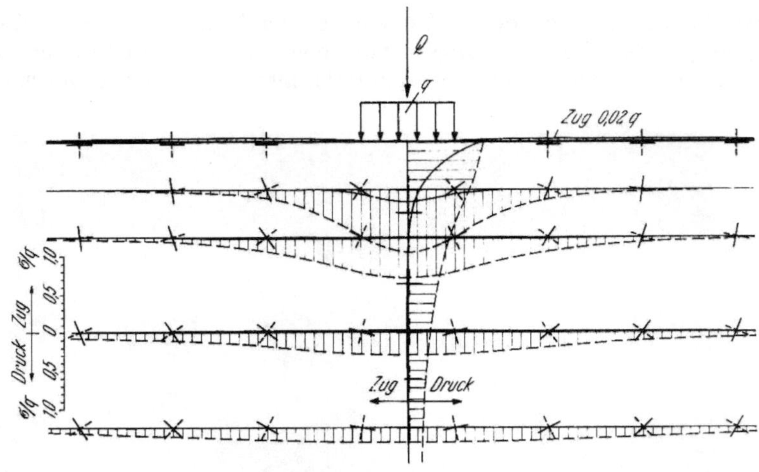

Abb. 6. $\alpha = 90^0$

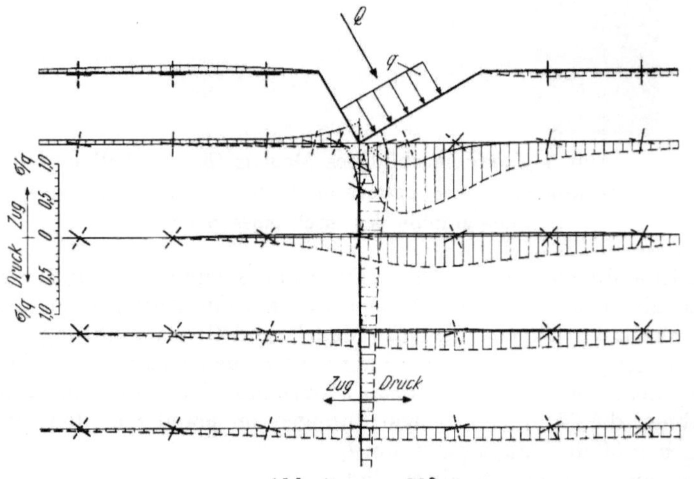

Abb. 7. $\alpha = 60^0$

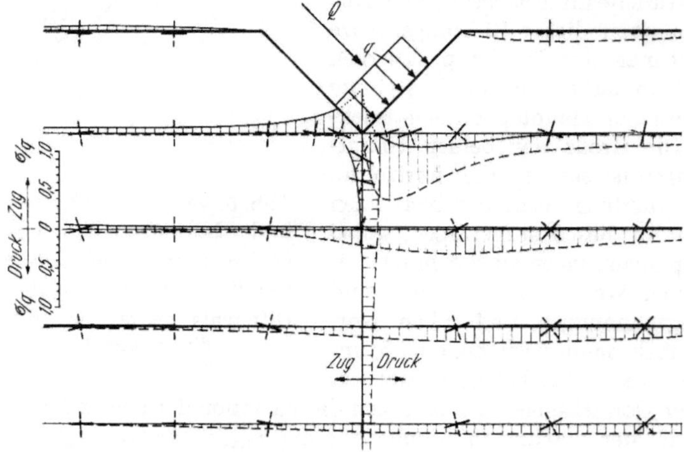

Abb. 8. $\alpha = 45^0$

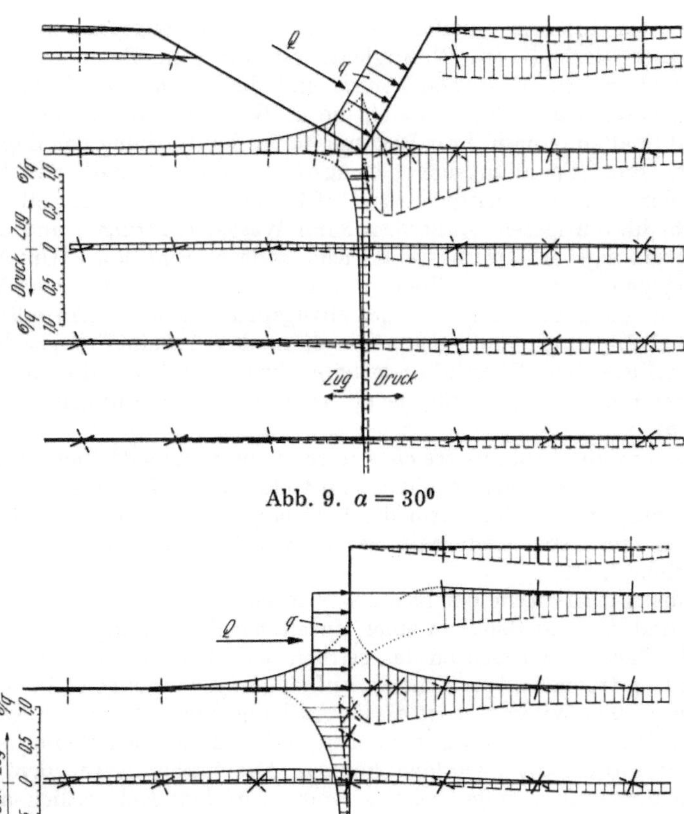

Abb. 9. $a = 30^0$

Abb. 10. $a = 0^0$

Abb. 6—10. Hauptspannungsdiagramme für die untersuchten Fälle
———— größere Hauptspannung σ_1; - - - - - - kleinere Hauptspannung σ_2; $\sigma_1 > \sigma_2$
Diagrams of the principal stresses for the cases examined
———— major principal stress σ_1; - - - - - - minor principal stress σ_2; $\sigma_1 > \sigma_2$
Graphiques des contraintes principales pour les cas étudiés
———— contrainte principale majeure σ_1; - - - - - - contrainte principale mineure σ_2; $\sigma_1 > \sigma_2$

IV. Diskussion der Ergebnisse

Die auftretenden Druckspannungen als solche sind beim vorliegenden Problem von geringerem Interesse. Sie sind am größten direkt unter der Last ($\sigma/q = 1,0$) und breiten sich dann strahlenförmig aus, wobei sie sich in zur Lastebene parallelen Schnitten in Form einer statistischen Häufigkeitskurve verteilen (vergleiche Abb. 6, $a = 90^0$). — Was die maximale Schubspannung betrifft, so kann man aus den Diagrammen ihre Größe und Richtung ersehen und damit für den jeweils vorliegenden praktischen Fall beurteilen, ob z. B. ein geschichteter Aufbau des Gebirges unter der Einwirkung der Schubspannungen zu Gleitungen führen kann.

Von größtem Interesse dürften die auftretenden Zugspannungen sein. Ihre Kenntnis ist nicht deshalb von Wichtigkeit, weil wie beim Beton die Zugfestigkeit des Materials überschritten werden könnte und damit eine Bewehrung vorzusehen wäre, sondern einfach deshalb, weil sich die im Gebirge praktisch immer vorhandenen Risse und Spalten je nach ihrer Richtung unter der Wirkung der Zugspannungen öffnen. Dabei treten Spannungsumlagerungen auf, die sich nach den Primärspannungen und der Art des vorliegenden Kluftkörperverbandes beurteilen und möglicherweise abschätzen lassen. Außerdem kann Wasser eindringen und durch seinen Druck die Spannungsverhältnisse weitgehend ändern. Eine klare Unterteilung der einzelnen Zugspannungen bzw. Zugkräfte nach ihrer Ursache bzw. Wirkung in „Randverformungszugspannungen", „Spaltzugspannungen", „Abreißzugspannungen" und „Aufhängezugspannungen", wie sie in den Arbeiten[2–4] gegeben ist, läßt sich in den vorliegenden Fällen nicht mehr exakt durchführen; die sinngemäße Anwendung dieser Bezeichnungen trägt jedoch sehr zur Anschaulichkeit der Darstellung bei (s. Abb. 5).

Im Falle $\alpha = 90^0$ (Abb. 6) treten nur recht unbedeutende Zugspannungen auf. Sie sind von der Größenordnung $0{,}02\,q$ und treten in Erscheinung als „Randverformungszugspannungen" an der durch die Last eingedrückten Kante und als „Spaltzugspannungen" im Gebiet unterhalb der Last, jedoch nicht unmittelbar unter der Oberfläche (siehe [2], [3]).

Sobald die Auflagefläche der Last etwas gegen die freie Oberfläche des Gebirges geneigt wird und die Last damit in einer einseitigen Einsenkung angreift, ist die die Last tragende Fläche sozusagen an den seitlich und oberhalb liegenden Teilen „aufgehängt", und es treten entsprechende „Aufhängezugspannungen" in der Nähe der Ecke auf. Bei großen Winkeln α ist dieser Aufhängungseffekt noch nicht bedeutend, da sich die Aufhängezugspannungen in dem noch sehr kleinen Gebiet seitlich oberhalb der Last nicht recht ausbilden können. Mit flacher werdendem Lastangriff wächst jedoch der Aufhängungseffekt, da nun mehr Material seitlich oberhalb der Last vorhanden ist, an dem sich die Lastfläche aufhängen kann. Gleichzeitig wächst aber mit abnehmendem Winkel α auch das Moment der Last um die einspringende Ecke, da der unterstützende Querschnitt des Gebirges unter der Last immer geringer wird und bei $\alpha = 0^0$ ein Minimum erreicht. Dieses Drehmoment der Last (und ihrer Reaktionskräfte), das das Auflager abzureißen droht, verursacht im Inneren des Gebirges „Abreißzugspannungen" quer zur Richtung der Last, die sich ziemlich weit ins Innere hinein erstrecken und sich den „Aufhängezugspannungen" teilweise überlagern. Selbst direkt unterhalb der Last geht die Hauptspannung σ_1 von einem Winkel α an, der zwischen 45^0 und 30^0 liegt, ganz in eine Zugspannung über (siehe Abb. 8 bis 10), und in den seitlich oberhalb der Last liegenden Gebieten sind für Winkel $\alpha \approx 0^0$ schließlich beide Hauptspannungen Zugspannungen. Zusammenfassend kann man sagen, daß für die in Abb. 3 gezeigte Folge der Lastangriffswinkel das Problem stetig von dem des Stempeldruckes auf die Halbebene in das der hohen Konsole übergeht mit all den besprochenen Folgen für die Ausbildung des Spannungszustandes.

Diese Erkenntnisse bezüglich der Spannungsverteilung im Kontinuum sind nun jeweils auf den Kluftkörperverband des individuellen Falles anzuwenden. Zunächst ist zu überlegen, welche Schubspannungen und welche Zugspannungen vom Kluftkörperverband nicht aufgenommen werden können. Je nach den Verhältnissen wird man das Gebirge verstärken oder aber die Art der Spannungsumlagerung abschätzen und in Kauf nehmen. Wenn die Aufhängezugspannungen z. B. vom Gebirge nicht aufgenommen werden können, geht der Fall $\alpha = 0^0$ (hohe Konsole) in den bekannten Fall der belasteten Scheibenecke über, was in [3] und [4] ausführlich behandelt ist.

Beim Entwurf einer Bogenstaumauer kann man vor die Frage gestellt sein, ob es angesichts der gegebenen Gebirgsverhältnisse von Vorteil ist, den Zentriwinkel der

Staumauer groß und damit den Bogenschub klein zu halten, wenn andererseits durch die damit erforderliche Verkleinerung des Winkels α des Lastangriffes die Zugspannungen in der Umgebung der Bogenauflagerung vergrößert werden. Bei der Lösung all dieser und ähnlicher Probleme dürften die Ergebnisse der vorliegenden Untersuchung und der Arbeiten [2], [3] und [4] von großem Nutzen sein.

Zum Schluß sei Herrn Ing. Lars Strindell für die schnelle und gewissenhafte Durchführung der Messungen herzlich gedankt.

<h2 style="text-align:center">Literatur</h2>

[1] Hiltscher, R.: Spänningsoptiska modellförsök som hjälpmedel vid planering av bergtunnlar. Bergmekanik, IVA-meddelanden 142, Ingenjörsvetenskapsakademien, Stockholm 1965.

[2] Hiltscher, R. und G. Florin: Die Spaltzugkraft in einseitig eingespannten, am gegenüberliegenden Rande belasteten rechteckigen Scheiben. Die Bautechnik, Jg. 39, 325—328, 1962.

[3] Hiltscher, R. und G. Florin: Spalt- und Abreißzugspannungen in rechteckigen Scheiben, die durch eine Last in verschiedenem Abstand von einer Scheibenecke belastet sind. Die Bautechnik, Jg. 40, 401—408, 1963.

[4] Hiltscher, R. und G. Florin: Zugspannungen in der Umgebung einer belasteten Aussparung bzw. eines belasteten treppenförmigen Absatzes an einer Scheibe. Die Bautechnik, Jg. 42, 202—209, 1965.

[5] Hiltscher, R.: Abschnitt Spannungsoptik, in: Fink, K. und Chr. Rohrbach: Handbuch der Spannungs- und Dehnungsmessung. 23—38, VDI-Verlag, Düsseldorf 1958.

[6] Hiltscher, R., Florin, G. und L. Strindell: Arbeitsanleitung zur spannungsoptischen Messung ebener Spannungszustände mit Polariskop und Lateralextensometer. Die Bautechnik, Jg. 43, 41—45, 91—95, 1966.

Die Fundamentkräfte der Gewölbesperren

Von

R. Kettner[*]

Mit 5 Textabbildungen

Zusammenfassung — Summary — Résumé

Die Fundamentkräfte der Gewölbesperren. Für die Standberechnung der Widerlager einer Gewölbesperre ist die genaue Kenntnis der vom Sperrenkörper auf den Untergrund übertragenen Kräfte erforderlich. Diese Auflagerkräfte können am besten aus einer statischen Berechnung der Sperre ermittelt werden. An Hand der Rechenergebnisse für eine rd. 180 m hohe symmetrische Parabelsperre (Kronenlängen-Höhen-Verhältnis 3,1) wird gezeigt, daß die errechneten Auflagerkräfte je nach Anzahl der in der Berechnung berücksichtigten Verformungskomponenten beträchtlich voneinander abweichen. Die Sperre wurde zu Vergleichszwecken einerseits nach dem Radialausgleich und andererseits nach dem 3fachen Verformungsausgleich untersucht. Die nach diesen beiden Berechnungen ermittelten Sperrenauflagerkräfte weisen in ihrer Größe und Richtung wesentliche Unterschiede auf. Die Abweichungen liegen in Größenordnungen, welche bei Stabilitätsuntersuchungen von Sperrenwiderlagern keinesfalls unbeachtet bleiben können, da die Größe und Richtung der auf das Fundament einwirkenden Bauwerkskräfte von ausschlaggebender Bedeutung sind. Die erhaltenen Resultate führen zu der Schlußfolgerung, daß zu Widerlageruntersuchungen von Gewölbesperren die Sperrenauflagerkräfte stets aus Berechnungen mit mehrfachem Verformungsausgleich herangezogen werden sollen.

The Forces Applied to the Foundation of Arch Dams. For stability analyses of arch dam abutments it is necessary to know exactly the forces transmitted from the dam to the foundation. These abutment forces may be best obtained from an analysis of the arch dam. With the aid of the results from an analysis of a symmetrical parabolic arch dam (height 180 m, crest length to height ratio 3.1) it is shown that abutment forces differ considerably from each other when calculated by different analyses in which the number of components of deformations taken into account is varied. For the purpose of comparison the dam mentioned has been analysed by both a radial adjustment and a 3-adjustment computation (i. e. adjustment of radial, tangential and rotational deformations in horizontal planes). The forces of the dam acting on the foundation as found by these two analyses show remarkable differences in magnitude and direction, which may be summarised as follows (see table of Fig. 5): with regard to the magnitude they diverge by a factor ranging from 0.24 to 1.24; direction angles deviate from each other by about 30^0 and dip angles may differ by as much as 15^0, and the angles between abutment forces R_1 and R_3 (radial adjustment and 3-adjustment analysis, respectively) as much as 30^0. These differences are of such order that they cannot be neglected in stability analyses of dam abutments since knowledge of the magnitude and direction of forces acting on the foundation is essential. From the results obtained it is concluded that in stability analyses of arch dam abutments only those dam forces should be used which have been calculated by multiple adjustment computations.

Les forces de fondation des barrages-voûtes. Pour calculer la stabilité des appuis de barrages-voûtes une connaissance précise des forces transmises par le corps du barrage aux fondations est nécessaire. Ces forces pourront être obtenues de préférence par un

---

* Dipl.-Ing. Dr. Roland K e t t n e r, Wiener Starkstromwerke GmbH, Wasserkraftbüro, Linz/Donau.

calcul statique du barrage. A l'aide des résultats des calculs pour un barrage symmétrique parabolique (hauteur 180 m; rapport entre la longueur de la crête et la hauteur: 3,1) on peut prouver clairement que les forces sur appuis sont considérablement différentes selon le nombre des composantes de déformation considéré dans le calcul. Le barrage a été étudié, pour des raisons de comparaison, d'une part selon l'ajustement radial et d'autre part selon le triple ajustement (c'est à dire l'ajustement des déformations radiales, tangentielles et angulaires dans les plans horizontaux). Les forces sur appuis trouvées selon ces deux calculs manifestent de différences considérables dans leur grandeur et leur direction, notamment (voir Fig. 5): au point de vue de la grandeur elles se différencient par un facteur compris entre 0,24 et 1,24; les angles de leur direction se différencient jusqu'à 30^0 et les angles d'inclinaison jusqu'à 15^0 et les angles entre les forces transmises aux fondations R_1 et R_3 (ajustement radial ou triple ajustement) peuvent atteindre 30^0. Ces différences sont tellement grandes qu'elles ne doivent pas être négligées dans les calculs de stabilité d'appuis de barrages, en effet la grandeur et la direction des forces transmises par le barrage aux fondations sont d'une extrême importance. Pour calculer les appuis des barrages-voûtes on pourrait conseiller d'utiliser toujours les forces trouvées dans les calculs avec ajustement multiple.

Einführung

Um die Belastbarkeit und Stabilität der Widerlager von Gewölbesperren bestimmen zu können, ist die genaue Kenntnis der vom Bauwerk auf das Fundament übertragenen Kräfte erforderlich. Es sind dies die Auflagerkräfte der Sperre, welche eine Streifenlast darstellen und hinsichtlich ihrer Richtung und Größe über die Auflagerbreite und -länge veränderlich sind. Da bei Gewölbesperren der Belastungsstreifen im Vergleich zu seiner Länge schmal ist, erscheint es für Untergrundberechnungen im allgemeinen ausreichend, die Belastung als Linienlast aufzufassen. Diese Fundamentbelastung wird am besten aus der statischen Berechnung des Sperrenkörpers erhalten.

Nach dem heutigen Stand der Wissenschaft stellt das sogenannte Lastaufteilungsverfahren die beste Berechnungsmethode für Gewölbesperren dar, wie dies beim Symposium über die Theorie der Gewölbesperren in Southampton 1964 klar zum Ausdruck kam[1]. Es bietet unter anderem die Möglichkeit, die Berechnungen dem erforderlichen Genauigkeitsgrad anzupassen; im wesentlichen dadurch, daß die Anzahl der berücksichtigten Verformungskomponenten variiert wird. Um die ersten Sperrenentwürfe auf raschem Wege statisch zu untersuchen, genügt es, nur die Radialverformungen in sogenannten einschnittigen Radialausgleichen zu berücksichtigen, d. h. neben mehreren Horizontalelementen (Bogen) wird nur ein Vertikalelement — meist der Mittelkragträger — in die Berechnung einbezogen und in den Schnittpunkten dieser Elemente die Radialausbiegungen beider Systeme in Koinzidenz gebracht.

Im vorgeschrittenen Entwurfsstadium einer Gewölbesperre wird man die Untersuchungen dann auf mehrschnittige Radialausgleiche ausdehnen (d. h. neben den Bogen werden auch mehrere Kragträger erfaßt). Da hier ebenfalls nur eine Verformungskomponente — nämlich die Radialausbiegung — berücksichtigt wird, sind auch diese Untersuchungen als Berechnungen mit 1fachem Ausgleich zu bezeichnen.

Wie im weiteren gezeigt wird, sind jedoch die Ergebnisse solcher Berechnungen mit 1fachem Ausgleich nur nach entsprechender Erfahrung und mit Vorsicht zu beurteilen, da sie von den Resultaten genauerer Untersuchungen teilweise sehr stark abweichen.

Für genaue statische Berechnungen von Gewölbesperren wird im allgemeinen der mehrschnittige, 3fache Ausgleich verwendet; in diesem werden neben den Radialverformungen auch die Tangentialverschiebungen und Verdrehungen berücksichtigt (daher oftmals auch als Radial-, Tangential- und Torsionsausgleich bezeichnet). Die Richtigkeit letzteren Verfahrens hat sich in vielen Anwendungen durch Vergleiche mit Modelluntersuchungen und ausgeführten Sperren bestens bestätigt.

Mit steigender Anzahl der berücksichtigten Verformungen nimmt aber auch der erforderliche Rechenaufwand beträchtlich zu. Im Linzer Wasserkraftbüro, Abteilung AZw, der Wiener Starkstromwerke GmbH wurden daher seit etwa einem Dezennium die Gewölbesperrenberechnungen in zunehmendem Maße mit Hilfe von Elektronenrechenanlagen durchgeführt. So wurden in den letzten Jahren sämtliche vorgenannten Rechenverfahren zur gesamten Berechnungsabwicklung auf der Siemens-Rechenanlage 2002 programmiert.

Der oben geschilderte Weg der Zuschärfung der Untersuchungsgenauigkeit wurde von den Österreichischen Draukraftwerken bei der Projektierung der Gewölbesperre Kölnbrein des Winterspeicherwerkes Inneres Maltatal — Kolbnitz beschritten. Es handelte sich dort um eine nahezu symmetrische Parabelsperre von rund 180 m Höhe und einer Kronenlänge von rund 560 m, so daß das Längen-Höhenverhältnis rund 3,1 beträgt.

Um den Erfordernissen der Wirtschaftlichkeit und Sicherheit des Bauwerkes voll zu entsprechen, ließen die Österreichischen Draukraftwerke diese Sperre mit 3fachem Verformungsausgleich untersuchen. Die Berechnungen wurden vor kurzem abgeschlossen. Da für den gleichen Hauptlastausfall, nämlich Vollstau am Sommerende, auch eine Berechnung mit 1fachem Ausgleich durchgeführt wurde, konnten die

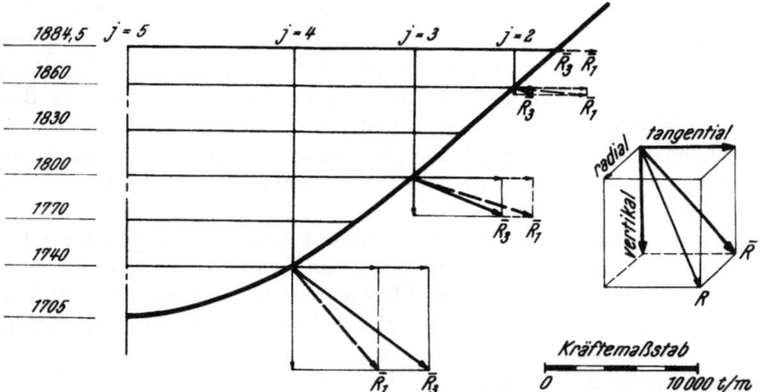

Abb. 1. Längsschnitt einer Sperrenhälfte (Abwicklung). — $\bar{R}$ Projektion der Fundamentresultierenden R in die Zeichenebene in einigen Fundamentpunkten. Index 1: Radialausgleich; Index 3: 3facher Ausgleich. Lastfall: Vollstau am Sommerende

Profile of one half of symmetrical dam (developed). — $\bar{R}$ projektion of foundation resultant R on plane of drawing at several points of foundation. Index 1: radial adjustment analysis; Index 3: 3-adjustment analysis. Loading condition: reservoir water level at crest elevation 1884.5; temperature condition at end of summer

Demi-coupe longitudinale d'un barrage symétrique (développé). — $\bar{R}$ projection de la résultante transmise aux fondations R dans le plan de la figure en plusieurs points. Index 1: ajustement radial; index 3: triple ajustement. Cas de charge: remplissage total à la fin de l'été

Ergebnisse beider Berechnungen gegenübergestellt und einer kritischen Betrachtung unterzogen werden; dabei waren zum Teil große Abweichungen in den Resultaten festzustellen.

Vergleich der Berechnungen mit Radialausgleich und dreifachem Verformungsausgleich

In diesem Rahmen sei nicht näher auf die Unterschiede in den Spannungsergebnissen eingegangen, jedoch nur kurz erwähnt, daß u. a. die nach dem Radialausgleich ermittelten wasserseitigen Zugspannungen in der Kontaktebene zwischen

Sperre und Untergrund an der Talsohle beim 3fachen Ausgleich in Druckspannungen übergegangen sind und daß im selben Bereich an der Luftseite die hohen Druckspannungen stark abgenommen haben, in anderen Zonen des Mauerkörpers allerdings Hauptzugspannungen aufgetreten sind, welche aus einem Radialausgleich niemals hervorgegangen wären.

Für Widerlagerberechnungen sind die Abweichungen in den Auflagerkräften der Sperre von Interesse. Die beiden Berechnungen für die gleiche Sperre zeigten,

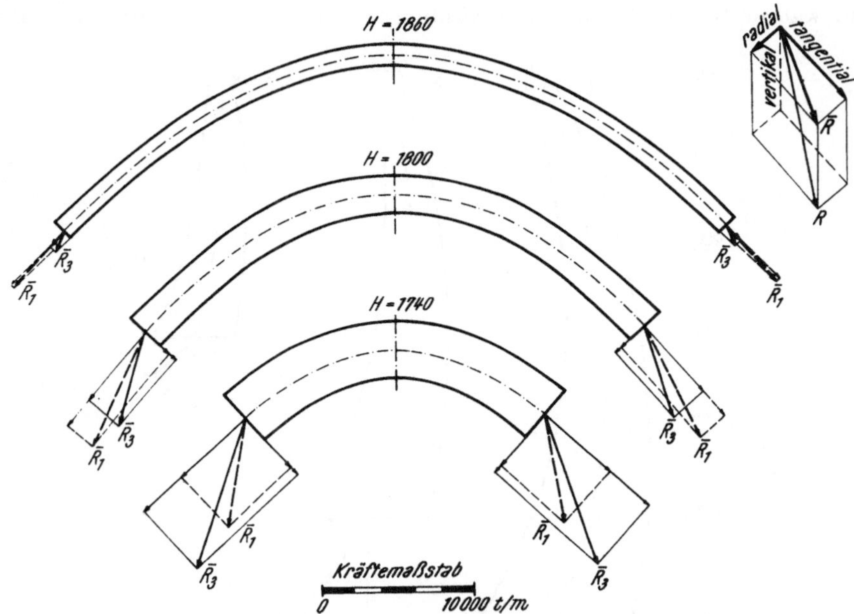

Abb. 2. Sperren-Horizontalschnitte mit Vertikalprojektion der Fundamentkräfte. — Index 1: Radialausgleich; Index 3: 3facher Ausgleich. Lastfall: Vollstau am Sommerende

Horizontal sections of dam (arch elements) with vertical projection of abutment forces. — Index 1: radial adjustment analysis; Index 3: 3-adjustment analysis. Loading condition: reservoir water level at crest elevation 1884.5; temperature condition at end of summer

Sections horizontales du barrage avec projection verticale des forces transmises aux fondations. — Index 1: ajustement radial; index 3: triple ajustement. Cas de charge: remplissage total à la fin de l'été

daß die Fundamentkräfte nicht nur größenmäßig, sondern auch in ihren Richtungen wesentlich voneinander abweichen. Nachstehende Abbildungen bringen dies deutlich zum Ausdruck.

Abb. 1 zeigt den Längsschnitt der Sperre, wobei wegen der Symmetrie nur eine Sperrenhälfte dargestellt wurde. In einigen ausgewählten Punkten der Aufstandslinie sind die Fundamentresultierenden sowie deren horizontale und vertikale Komponenten als Projektionen in die Zeichenebene (Abwicklung des Bezugszylinders) eingetragen. Die Projektionen der Fundamentresultierenden des 3fachen Ausgleiches sind in den oberen zwei Dritteln der Sperrenhöhe steiler und im unteren Drittel flacher als jene des Radialausgleiches geneigt.

In der Grundrißprojektion der Auflagerkräfte — Abb. 2 — erscheinen die Resultierenden R_3 (3facher Ausgleich) gegenüber denen aus dem Radialausgleich im unteren Sperrendrittel mehr hangeinwärts und in den oberen Bereichen weiter hangauswärts (zur Luftseite) gerichtet.

Aus Abb. 3 (Kragträgerschnitte) sind die Projektionen der Fundamentresultierenden in vertikale Radialebenen mit den zugehörigen Radial- und Vertikalkomponenten zu entnehmen. Hier sind die Abweichungen nicht so ausgeprägt; lediglich im Mittelschnitt (Kragträger $j = 5$) ist ein größerer Richtungsunterschied der Auflagerkraft (rund 10^0) festzustellen.

Eine Gegenüberstellung der Größen der Fundamentbelastung durch den Sperrenkörper zeigt die Abb. 4 im Sperrenlängsschnitt. Die Fundamentresultierenden sind in die Bildebene eingeschwenkt und normal zur Fundamentlinie aufgetragen, somit in wahrer Größe sichtbar. Die Richtungen der Fundamentkräfte sind daher

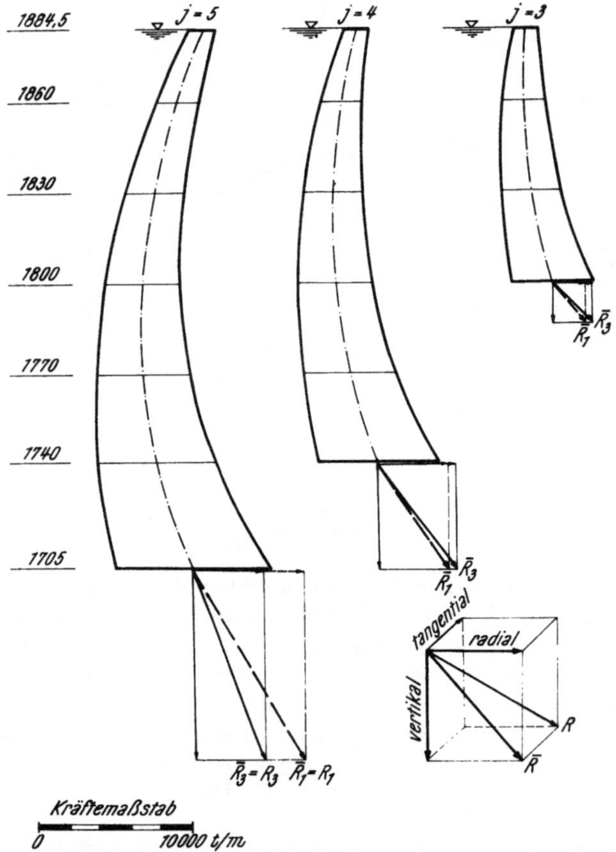

Abb. 3. Sperren-Vertikalschnitte mit Horizontalprojektion der Fundamentresultierenden. — Index 1: Radialausgleich; Index 3: 3facher Ausgleich. Lastfall: Vollstau am Sommerende

Vertical sections (cantilevers) with horizontal projection of foundation resultants. — Index 1: radial adjustment analysis; Index 3: 3-adjustment analysis. Loading condition: reservoir water level at crest elevation 1884.5; temperature condition at end of summer

Sections verticales du barrage avec projection horizontale de la résultante des forces transmises aux fondations. — Index 1: ajustement radial; index 3: triple ajustement. Cas de charge: remplissage total à la fin de l'été

nicht zu entnehmen. Die wesentlich kleineren Auflagerkräfte im Kronenbereich erklären die Tatsache, daß eine Gewölbesperre auch dann noch nicht zu Bruch geht, wenn im oberen Bereich die Widerlager entfernt werden, wie dies aus früheren italienischen Modellversuchen bereits hervorging.

Ein numerischer Vergleich der Ergebnisse aus den beiden Sperrenberechnungen, Radialausgleich einerseits und 3facher Ausgleich andererseits, ist in der Tabelle der Abb. 5 gegeben. Die angeführten Werte geben Auskunft über Größe und räumliche Richtung der Auflagerkräfte in einzelnen Fundamentpunkten. Die Fallrichtung der Resultierenden R ist hier auf die Bogentangente bezogen; in der elektronischen

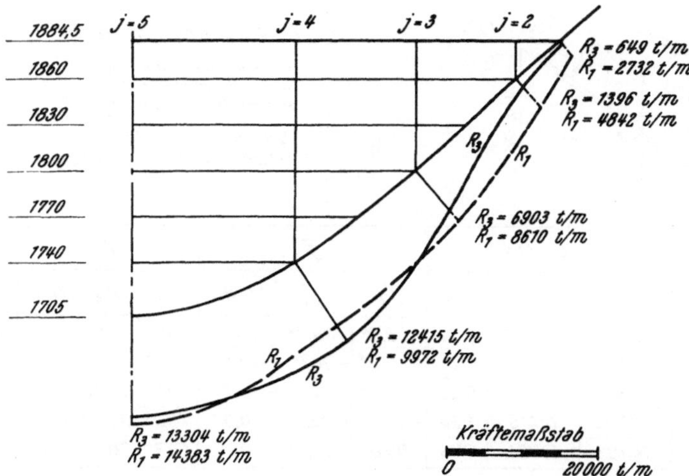

Abb. 4. Längsschnitt einer Sperrenhälfte (Abwicklung), Gegenüberstellung der Fundamentresultierenden R in wahrer Größe; die Resultierenden sind aus ihrer tatsächlichen Wirkungsrichtung in die Bildebene eingeschwenkt und normal zur Fundamentlinie aufgetragen. — R_1 Radialausgleich; R_3 3facher Ausgleich. Lastfall: Vollstau am Sommerende

Profile of one half of symmetrical dam (developed), comparison of foundation resultants R in true magnitude; resultants are shown turned from their actual direction of action into plane of drawing and plotted normal to the foundation line. — R_1 refers to radial adjustment analysis; R_3 refers to 3-adjustment analysis. Loading condition: reservoir water level at crest elevation 1884.5; temperature condition at end of summer

Demi-coupe longitudinale du barrage symétrique (développé). Comparaison des résultantes des forces transmises aux fondations en grandeur effective; les résultantes sont portées avec leur sens réel dans le plan de la figure et tracées perpendiculairement à la ligne de fondation. — Index 1: ajustement radial; index 3: triple ajustement. Cas de charge: remplissage total à la fin de l'été

Berechnung wird jedoch die Fallrichtung auch auf die Nordrichtung bezogen, so daß es ohne weitere Rechnungen möglich ist, die Kraftrichtungen mit den anderen Ergebniswerten (Fallwinkeln) auf einer Lagenkugel darzustellen und somit zu geologischen Eintragungen in Beziehung zu bringen.

Schlußfolgerungen

Wie aus den Zahlenwerten der Tabelle (Abb. 5) hervorgeht, sind die Ergebnisse der beiden Berechnungsarten sehr unterschiedlich. Man kann zusammenfassend folgendes feststellen:

1. Die Auflagerkräfte der genauen Berechnung unterscheiden sich um das 0,24 bis 1,24fache von jenen der Näherungsrechnung.

2. Die Unterschiede in den Richtungswinkeln erreichen Größen bis zu rund 30⁰; die Fallwinkel weichen bis zu rund 15⁰ voneinander ab.

3. Die Öffnungswinkel zwischen den Fundamentkräften R_1 und R_3 des 1fachen bzw. 3fachen Ausgleiches steigen bis auf rund 30⁰ an.

Diese Abweichungen erreichen Größenordnungen, welche bei Widerlagerberechnungen keineswegs als vernachlässigbar klein betrachtet werden können.

Wohl kann zur Abschätzung der Beanspruchungen des Sperren*körpers* einer Gewölbemauer das vereinfachte Lastaufteilungsverfahren, in welchem nur die Radialverformungen berücksichtigt werden, herangezogen werden; für Voruntersuchungen

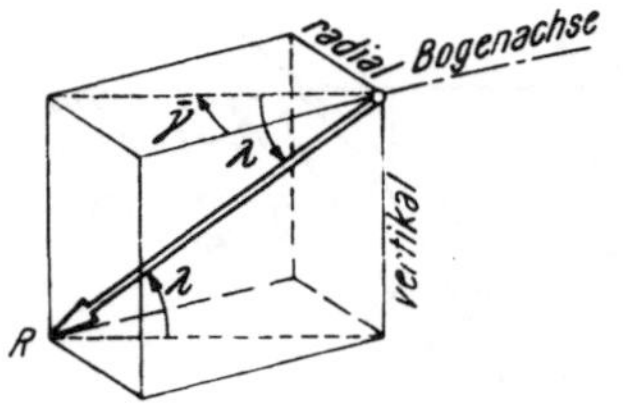

Höhen-kote	R t/m			$\bar{\gamma}$			λ			ν
	R_1	R_3	R_3/R_1	$\bar{\gamma}_1$	$\bar{\gamma}_3$	Diff.	λ_1	λ_3	Diff.	
1884,5	2 732	649	0,24	3,3°	33,7°	+30,4°	0	0	0	30,4°
1860	4 842	1396	0,29	- 1,2°	-24,7°	-23,5°	5,7°	20,2°	14,5°	27,0°
1800	8 610	6903	0,80	-14,7°	-24,4°	- 9,7°	17,9°	22,6°	4,7°	10,2°
1740	9972	12415	1,24	-38,6°	-29,7°	+ 8,9°	43,3°	33,4°	- 9,9°	12,1°
1705	14383	13304	0,93	- 90,0°	-90,0°	0	60,3°	70.0°	9,7°	9,7°

Abb. 5. Tabelle — Fundamentresultierende R und Richtungswinkel. — Lastfall: Vollstau am Sommerende

Table — Resultants R of dam forces acting on foundation and angles of direction. — $\bar{\gamma}$ direction angle of dip of R; λ dip angle of R; ν angle between R_1 and R_3. Index 1: radial adjustment analysis; Index 3: 3-adjustment analysis. Loading condition: reservoir water level at crest elevation 1884.5; temperature condition at end of summer

Tableau: Résultantes des forces transmises aux fondations R et angles de leur direction. — $\bar{\gamma}$ direction d'inclinaison de R; λ angle d'inclinaison de R; ν angle entre R_1 et R_3. Index 1: ajustement radial; index 3: triple ajustement. Cas de charge: remplissage total à la fin de l'été

von Variantenstudien stellt es eine brauchbare Rechenmethode dar, wenn man die entsprechende Erfahrung zur richtigen Beurteilung der auf diese Weise errechneten Spannungen besitzt.

Den Standberechnungen der Sperren*widerlager* dürfen jedoch keinesfalls jene Sperrenkräfte zugrunde gelegt werden, welche aus einem Radialausgleich ermittelt wurden; diese Bauwerkslasten weichen zu sehr von den tatsächlichen Auflagerkräften ab, wie die vorhin dargelegten Ergebnisse der beiden Vergleichsrechnungen zeigen. Denn in die Untersuchungen bezüglich der Belastbarkeit und Standsicherheit der Auflager von Gewölbesperren sind die vom Bauwerk einwirkenden Kräfte sowohl nach Richtung als auch nach Größe einzuführen. Je nach Beschaffenheit des Untergrundes kann entweder die Richtung oder die Größe der Bauwerkslasten ausschlaggebend sein.

Im allgemeinen sind zwei Fälle zu unterscheiden:

a) Wenn für die Belastbarkeit des Fundamentes die Gleitung auf vorhandenen Trennflächen des Gebirges maßgebend ist, dann hängt die Sicherheit der Sperreneinbindung im wesentlichen von den Richtungsbeziehungen der Sperrenkräfte zu den Kluftflächen ab.

b) Ist die Gesteinsfestigkeit maßgebend, dann ist an erster Stelle die Größe der Sperrenauflagerkräfte von Bedeutung. Dieser Fall ist mehr der Vollständigkeit wegen angeführt, denn er wird in der Natur wohl sehr selten anzutreffen sein[2].

In beiden Fällen sind die Anstellwinkel der Sperrenkräfte zu den Gefügeelementen des Untergrundes entscheidend, wie z. B. die eingehenden Modelluntersuchungen von Minoru Takano im Zuge der Projektierung der Gewölbesperre Kurobe IV in Japan ergeben haben. Darüber hat Takano beim 11. Salzburger Felsmechanik-Kolloquium im Jahre 1960 persönlich berichtet[3]. Aus all diesen Untersuchungen geht hervor, daß Richtung und Größe der den Untergrund belastenden Sperrenkräfte einen entscheidenden Einfluß auf die Bestimmung der Tragfähigkeit und Standsicherheit von Sperrenwiderlagern haben. Deshalb sind diese Lasten möglichst genau zu ermitteln, was durch eine statische Berechnung nur dann erreicht wird, wenn diese mit mehrfachem Verformungsausgleich durchgeführt wird.

In weiteren, noch nicht abgeschlossenen Untersuchungen soll die Fundamentnachgiebigkeit variiert und deren Einfluß sowohl auf den Spannungszustand im Sperrenkörper als auch auf die Sperrenauflagerkräfte erforscht werden. Solche Berechnungen können mit dem eingangs erwähnten Rechenprogramm wegen dessen großer Flexibilität sehr wirtschaftlich durchgeführt werden, zumal bei diesen nur ein Teil der Sperrenberechnung zu wiederholen ist.

Zusammenfassend kann festgestellt werden, daß die statische Berechnung einer Gewölbesperre — allein schon im Hinblick auf die Untersuchung der Standsicherheit und Tragfähigkeit ihrer Widerlager — stets den mehrfachen Verformungsausgleich beinhalten sollte, da eine Berechnung unter Berücksichtigung von nur einer Verformungskomponente zu einer irreführenden Beurteilung der Sicherheit führen kann.

Literatur

[1] Theory of Arch Dams, ed. by J. R. Rydzewski, Pergamon Press, 1965.

[2] Müller, L.: Der Felsbau. Enke, Stuttgart 1963.

[3] Takano, M.: Rupture Studies on Arch Dam Foundation by Means of Models. Geologie und Bauwesen, Jg. 26, H. 3, 1961.

Zur meßtechnischen Kontrolle des Gründungsfelsens von Bogenstaumauern

Von

Franz Pacher*

Mit 6 Textabbildungen

Zusammenfassung — Summary — Résumé

Zur meßtechnischen Kontrolle des Gründungsfelsens von Bogenstaumauern. Die Entwicklung der Talsperrenmeßtechnik strebt einerseits nach einer Verfeinerung der Beobachtung, andererseits nach einer Vereinfachung der Ausrüstung. Der Einsatz zweckentsprechender Meßgeräte setzt unbedingt eine gründliche Kenntnis des Gesamtverhaltens von Sperre und Untergrund in ihrer Wechselbeziehung voraus.

Die Überwachung des Gesamtverhaltens erfolgte bisher im wesentlichen durch eine Kontrolle der Deformation des Bauwerkes und ausgesuchter Punkte an der Oberfläche des Gründungsfelsens. In vielen Fällen wird aber auch eine Überprüfung kritischer Zonen erforderlich, von welchen ein Bruch oder eine unzulässige Deformation ausgehen könnte.

Um solche Kontrollorgane funktionsmäßig richtig setzen zu können, muß man diese kritischen Bereiche kennen. Zu diesem Zwecke wurde versucht, den Spannungszustand im Gründungsfelsen unter Eigengewicht, Mauer- und Wasserlast, Auftriebswirkung, Strömungsdruck usw. — wenn auch nur näherungsweise — zu erfassen.

Aus der Gegenüberstellung der Spannungsgrößen mit den möglichen Widerständen gegen Trennung, Verschiebung oder plastische Verformung erhält man Aussagen über die Beanspruchung. Diese Betrachtungsweise gestattet es, die Anisotropie des Felsuntergrundes in einem gewissen Grade zu berücksichtigen.

Die zunehmende Größe der Bauwerke zwingt zur Intensivierung der Forschung in der Felstechnologie. In der Einschätzung der Gebirgseigenschaften ist man noch recht unsicher; daher die große Bedeutung der Kontrolleinrichtungen, um die Deformation und andere Größen, d. h. die Auswirkungen der zum Teil nicht erfaßbaren Inanspruchnahme, zu beobachten. Messungen bilden aber nur dann ein echtes Kriterium, wenn die inneren Zusammenhänge erkannt werden.

Abschließend befaßt sich der Vortrag mit Meßorganen, die zur Kontrolle von Zonen örtlich hoher Beanspruchung dienen sollen. Als solche sind Längenmeßeinrichtungen, Pendel, Klinometer, Schlauchwaagen und Querverschiebungsanzeiger anzusprechen.

Measuring Technique Applied to Control of Rock Mechanics Supporting Arch Dams. The development of the measuring technique on dams aims both at refining of the observations and at simplifying of the instrumentation. The utilization of appropriate measuring instruments positively requires a profound knowledge of the behavior of the entire dam and foundation rock complex.

The control of the total behavior has been accomplished by observing of deformations of the structure and of selected points at the surface of the foundation rock. In many cases a control of critical zones in which failure or excessive deformations may originate will be required.

It is necessary to know such critical zones in order to functionally place observations devices. It has been attempted for this purpose to analyse, even if only approximately, the

---

* Dipl.-Ing. Franz P a c h e r, Ingenieurkonsulent für Bauwesen, Franz-Josef-Straße 3, Salzburg.

state of stress in foundation rock masses due to charge of own weight, due to dam, and water buoyancy effect and the seepage pressure.

By comparison of stress values and the possible resistances against tension, shear or plastic deformation it is possible to evaluate the strain. Such analysis allows to consider some extent the anisotropy of the foundation rock mass.

The increasing dimensions of sructures require intensified research effort in rock technology. The evaluation of rock properties is still rather limited, therefore, the instruments for observing deformations and other values i. e. the effects of stressing which can only partially be analysed, are of great importance. Nevertheless, measurements only supply a realistic criterium if the inner correlations are comprehended.

Finally, this paper deals with measuring instruments which are to observe zones of high local stressing, such as extensometers, pendula, clinometers, hydrostatic levels, and shear deformation indicators.

Réflexion sur les mesures de contrôle dans le rocher de fondation des barrages-voûtes. Le développement des techniques d'auscultation des barrages tend, d'une part, vers un raffinement de l'observation, d'autre part, vers une simplification des dispositifs de mesure. Le deuxième point impose nécessairement une connaissance fondamentale du comportement global de la liaison barrage sous-sol.

Pour placer de manière rationnelle ces organes de contrôle, il est nécessaire de connaître les domaines critiques. Dans ce but, il a été entrepris de déterminer, avec approximation suivant le cas, l'état des contraintes dans le rocher de fondation sous l'action du poids propre, du poids de l'ouvrage, des poussées de l'eau, des effets statiques et dynamiques des écoulements.

L'observation de ce comportement résulte essentiellement du contrôle des déformations de l'ouvrage et d'un ensemble de points situés à la surface du rocher de fondation. Dans certain cas spéciaux il s'avère nécessaire de procéder à un examen des zones critiques où peuvent intervenir des ruptures et des déformations inadmissibles.

A partir des grandeurs des contraintes et des résistances possibles à la séparation, au déplacement tangentiel ou déformation plastique on obtient des précisions sur le degré de sollicitation. Celà permet de tenir compte, à un certain point, des anisotropies du massif rocheux. La grandeur croissante des ouvrages dirige l'intensification de la recherche vers la technologie des roches. On reste cependant incertain dans l'évaluation des propriétés des massifs. De ce fait, une grande importance doit être donnée aux dispositifs de contrôle en vue d'observer les déformations et autres grandeurs dont on ne dispose pas. Les mesures constituent un véritable critère tant que l'on a une vue d'ensemble de phénomènes.

La communication traite pour finir des organes de mesure permettant un contrôle de zones localement très sollicitées, dispositifs basés sur des mesures de longueur, pendules, inclinomètres, niveaux et indicateurs de déplacement transversal.

Die Einmessung der üblichen Kontrollpunkte an einer Staumauer und an ausgesuchten Punkten der Oberfläche des Felsuntergrundes als Zeiger des Gesamtverhaltens des Bauwerkes im weiteren Sinne liefern Warnzeichen erst, wenn Spannungsumlagerungen größere Bereiche erfaßt haben und die Deformationen bereits sehr groß geworden sind. Es gelingt damit nicht, Vorgänge in kritischen Zonen, von welchen ein Bruch ausgehen könnte, frühzeitig zu erkennen.

Um Kontrollorgane funktionsmäßig richtig setzen zu können, muß man die Kräfte, den Kraftfluß wie auch die Reaktionsfähigkeit des Untergrundes kennen. Man muß also darangehen, den Spannungs- und Formänderungszustand des Gründungsfelsens aus der Beanspruchung unter Eigengewicht, Mauer- und Wasserlast, Auftriebswirkung, Strömungsdruck usw. — wenn auch nur näherungsweise — zu erfassen, und nicht nur den Zustand im gesamten, sondern auch den durch die Errichtung der Sperre bedingten Zuwachs zu betrachten.

Nicht nur der Berechnung, schon der Beschreibung und dem Ansatz der verschiedenen Belastungskomponenten, wie der Gebirgseigenschaften, stellen sich große Schwierigkeiten entgegen, welche zu einer großen Streuung der Ergebnisse führen.

Zur Erforschung der noch zu vielen Unbekannten nützt der Ingenieur folgende Möglichkeiten:

— die theoretische Behandlung und Berechnung,

— die Beobachtung und die Erfahrung an ausgeführten Bauwerken,

— das Versuchswesen, d. h. die Nachbildung des Bauwerkes in Modellen kleineren Maßstabes.

Aus dem Grad der Übereinstimmung bestimmter Größen aus solchen Untersuchungen folgert der Ingenieur das Zutreffen oder Nichtzutreffen seiner Berechnungen und Annahmen. Messen und Beobachten bilden dabei die einzigen Hilfsmittel, welche vergleichbare Werte liefern; daraus wird die überragende Bedeutung dieser Beobachtungen sowie die Verantwortung dieser Tätigkeit im Talsperrenbau deutlich.

Unter der Beanspruchung des Gründungsfelsens ist die Summe aller äußeren und inneren Kräfte gemeint, die auf diesen wirken und in ihm einen bestimmten Spannungs- und Formänderungszustand hervorrufen. Die theoretische Untersuchung der Mauer darf nicht an der Umfangsfuge bzw. an der Grundfläche stehenbleiben, sondern sie muß noch über die Wirkungstiefe der Mauer bzw. des Staubeckens hinausgreifen, um die Auswirkungen der Errichtung einer Talsperre richtig und in letzter Konsequenz zu erfassen. Wenn auch zugegeben werden muß, daß sich einer solchen Betrachtung noch viele ungelöste Probleme in den Weg stellen, so müssen doch Versuche in dieser Richtung unternommen werden.

Aus der Gegenüberstellung der Spannungsgrößen aus theoretischen Untersuchungen mit den auf Grund von Festigkeitsprüfungen errechneten Widerständen gegen Trennung, Verschiebung oder plastische Verformung erhält man eine Vorstellung von der Lage der kritischen Zone bzw. möglicher Bruchflächen usw.

Diese Betrachtungsweise gestattet es, bis zu einem gewissen Grad die Anisotropie des Gebirges zu berücksichtigen. Die Frage nach der einzusetzenden Gebirgsfestigkeit kann die Felstechnologie allerdings nur in Grenzen beantworten und nur dann, wenn entsprechende Großversuche ausgeführt wurden oder Vergleichswerte vorliegen.

Weitere Schwierigkeiten bietet das Erfassen des Spannungszustandes in den meist steilen und unregelmäßig geformten Hängen der Felswiderlager unter dem Einfluß des Eigengewichtes und des Bergwassers, dem Einfluß der Zeit; ferner die Frage nach dem Wirkungsfaktor des Auftriebes im geklüfteten Gebirge und anderes mehr.

Die zunehmende Größe der Bauwerke zwingt zu intensiver Forschung, damit die Grenzen der zulässigen Belastung erkannt werden können.

Hier bietet die *Meßtechnik* eine wertvolle Hilfe, indem sie die Beobachtung der Deformationen und anderer Größen, d. h. die Auswirkungen der zum Teil nicht erfaßbaren Inanspruchnahme, gestattet. Messungen bilden aber nur dann ein echtes Kriterium, wenn angegeben werden kann, bei welchen Deformationsgrößen die Gefahr beginnt, d. h. die Verhältnisse müssen überschaubar sein. *Photoelastische* Untersuchungen, besonders aber *Versuche an äquivalenten Modellen,* vermögen manche Aufklärung zu bringen, so über Lastaufnahme, Spannungsumlagerungen, Kriecherscheinungen, Bildung plastischer Zonen oder Bildung von Scherrissen bis zum totalen Bruch.

Aus der spannungsoptischen Untersuchung eines belasteten Schrägschnittes ist zu erkennen (Abb. 1), wie die Kräfte in den Untergrund abgeleitet werden, wo Zug- und wo Druckbeanspruchung stattfindet und wie groß die Scherbeanspruchung wird. Aus solchen Untersuchungen geht ferner hervor, bis zu welchem Maß auf der Luftseite Fels entfernt werden kann, ohne das Tragvermögen des Untergrundes maßgebend zu vermindern.

Das verwendete Versuchsmaterial an sich ist homogen und isotrop und etwa gleich druck- und zugfest. Der Fels ist aber gerade dadurch gekennzeichnet, daß er meist eine wesentlich geringere Zugfestigkeit besitzt und — durch sein Gefüge bedingt — Flächen enthält, die einen wesentlich geringeren Widerstand gegen Trennung oder Abscheren bieten als Schnitte im Felsgestein.

Deshalb sind zahlreiche ebene Versuche — die Sperreneinbindung betreffend — mit verschiedenen Modellmaterialien und verschieden angelegten Trennflächen ausgeführt worden. Es wird besonders an jene Versuche erinnert, über welche Krsmanović und Milić* am 14. Kolloquium in Salzburg berichteten. Diese zeigten am deutlichsten die Veränderungen im Untergrund bei einer Belastungssteigerung von 0 bis zum Bruch. Prof. Krsmanović verwendete als Untergrund-Modell im Verband versetzte Blöcke.

Die Vorgänge bis zum Bruch haben sich dabei folgendermaßen abgespielt:

Bereits bei geringer Belastung bildet sich ein tragender Keil aus, auf dem die Last ruht; die seitlich davon liegenden Bereiche nehmen an der Lastübernahme nicht teil. An den Trennflächen sind Zugfestigkeit bzw. Scherwiderstand bereits überwunden.

Im nächsten Stadium wird die Verformung von der Zusammendrückbarkeit der im Keil befindlichen Masse bestimmt (Abb. 2). Der Scherwiderstand im Keil ist noch nicht erschöpft. Die Setzungsbeträge sind höher, als es der Berechnung im Halbraum entspricht.

Bei weiterer Erhöhung der Last kommt es zunächst zum Scherbruch

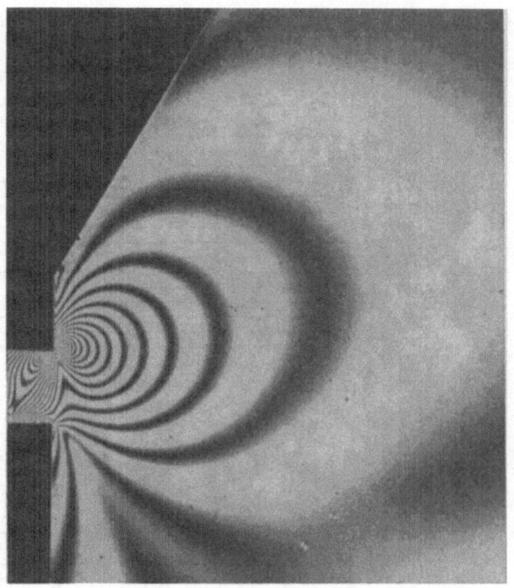

Abb. 1. Isochromatenbild des Maueraufstandes
Isochromatic lines of the foundation area
Lignes isochromatiques du territoire de fondation

auf der Strecke $A—B$, später auch auf der Strecke $B—C$. Es ist bereits eine Horizontalverschiebung festzustellen. Den Hauptwiderstand gegen Durchscheren bildet nun das luftseitige Vorland.

Schließlich wird auch dieser Widerstand überwunden und die Scherbewegung tritt entlang der Linie $C—D$ ein. Mit der nun einsetzenden kräftigen Bewegung schreitet die Zerstörung fort, welche einen ziemlich großen Bereich erfaßt. Der Verlauf der Scher- und Ablösungsflächen wird von den Fugen und Klüften wesentlich mitbestimmt. Die entstehenden Keile üben sehr ungünstige Kraftwirkungen aus. Doch so weit dürfte es unter einem Bauwerk gar nicht erst kommen, so große Verschiebungen sind von vornherein schon unzulässig.

Die Sicherheit einer Staumauergründung kann also nicht einfach aus dem Verhältnis Bruchlast zu Gebrauchslast errechnet werden, sondern muß auf die verschiedenen Stadien bezogen werden. Das erste Stadium dauert so lange, bis sich der Tragkegel ausbildet, das nächste Stadium so lange, bis der Fels unter der bergseitigen Ecke der Gründungsfläche zu brechen beginnt. Im letzten (dritten) Stadium

---

* Model Experiments on Pressure Distribution in Some Cases of a Discontinuum by D. Krsmanović, S. Milić, Sarajevo.

setzt sich schließlich der Bruch bis an die Oberfläche fort. Jedes Stadium unterliegt einem anderen Beanspruchungsplan, d. h. an Stelle des Sicherheitsgrades haben Stabilitätsfaktoren zu treten, die sich auf das Überschreiten bestimmter Spannungszustände beziehen. Die zulässigen Belastungsgrenzen müssen daraus abgeleitet werden.

Andere Gefügestrukturen haben jeweils andere Bruchbilder zur Folge, wie ein weiteres Beispiel zeigt (Abb. 3). Die aus der Bodenmechanik übernommene Vorstellung vom Durchscheren mit gleichmäßiger Inanspruchnahme der Widerstände längs der ganzen Scherfläche trifft hier nicht zu. Es erfolgt vielmehr ein schrittweises Niederbrechen einzelner Widerstände, wobei die sich ausbildende Bruchfläche der potentiellen, für ein Kontinuum vorauszusetzenden Scherfläche zwar nahekommt,

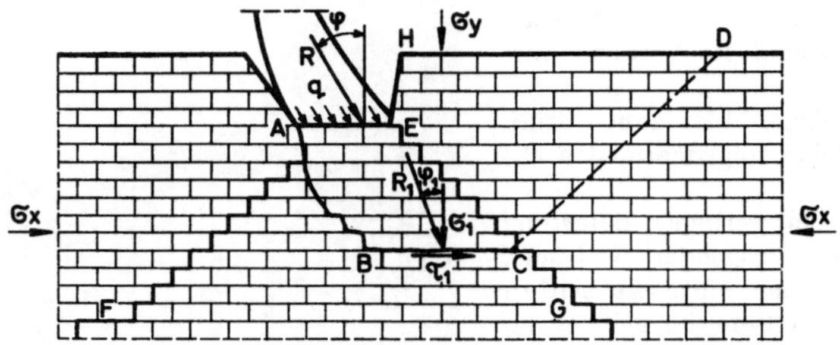

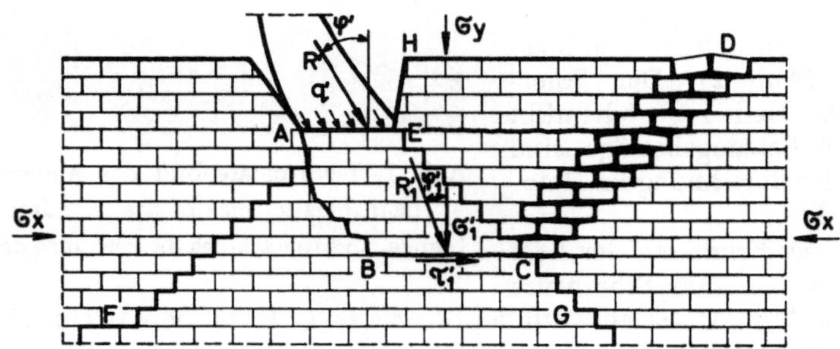

Abb. 2. Schema eines Modellversuches von Krsmanović und Milić

Concept of model test as performed by Krsmanović and Milić

Schème d'un essai sur modèle exécuté par Krsmanović et Milić

dabei aber die Klüfte als vorgezeichnete Flächen geringsten Widerstandes benützt. Tritt das Gefüge noch stärker in Erscheinung, so kommt es zur Ausbildung von Scherflächenzügen deutlich unstetigen Verlaufes, von Bruchnischen.

In jedem Stadium ist das ihm zugehörige Gesetz der Spannungsverteilung zu beachten. In gewissen Stadien darf nicht mehr mit dem Halbraum gerechnet werden.

Bei dem in Abb. 4 wiedergegebenen Berechnungsbeispiel mit angenommenen Ausgangswerten wurde der tragende Bereich im Sinne obiger Ausführungen bereits auf einen Keil reduziert. Bei der Gegenüberstellung des Scherwiderstandes zur Schubspannung wurden alle möglichen Scherflächenstellungen untersucht, die nach der statistischen Kluftmessung als verteilt vorhanden angenommen werden können. Die Stabilitätsfaktoren — auch „partielle Sicherheiten" genannt —, punktweise über den

Querschnitt gerechnet, zeigen die kritischen Bereiche an. Als Scherfestigkeit ist ein weit unter der Bruchfestigkeit liegender Wert einzusetzen, der etwa der technischen Fließgrenze bei anderen Baustoffen entspricht und bei welchem sich bleibende Form-

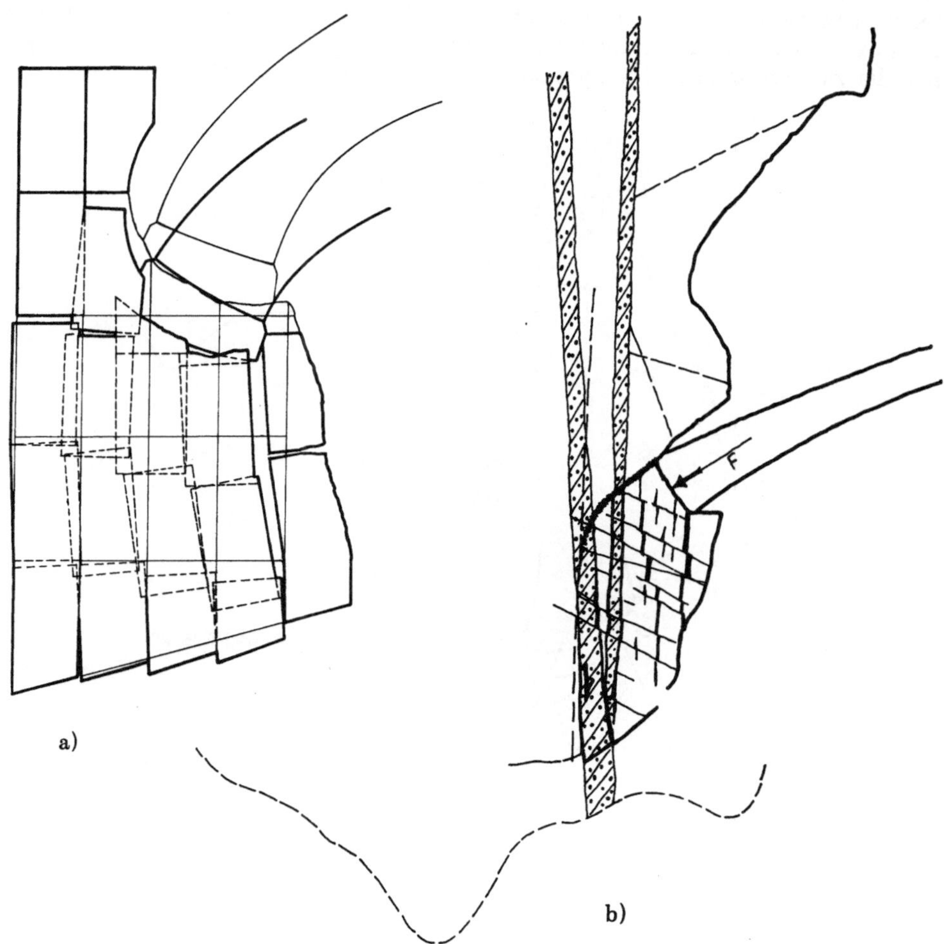

Abb. 3. Deformation der Widerlager von Bogenmauern (schematisierte Horizontalschnitte) a) nach einem Modellversuch der ISMES, Bergamo; b) nach gefügekinematischen Untersuchungen

Deformation of rock abutments of arch dams (schematized horizontal sections) rock fabrics
a) according to model test by ISMES, Bergamo; b) according to kinematic analysis

Déformation des contreforts de barrages-voûtes (sections horizontales schématisées) a) d'après un essai sur modèle de l'ISMES, Bergamo; b) d'après de recherches sur la cinématique de formation

änderungen abzuzeichnen beginnen. Die Festsetzung dieser Grenze ist von außerordentlicher Wichtigkeit und äußerst verantwortungsvoll.

Bei einer weiteren Vergleichsrechnung zeigten Bruchnischen kleinere „Sicherheits"-Werte an als Kreisflächen.

Untersuchungen an Modellen, welche Talsperrenwiderlager im größeren Maßstab dreidimensional und gefügegetreu nachbilden, haben interessante Aufschlüsse
gebracht, und man darf von dieser Forschungsrichtung weitere Erkenntnisse über
das Wechselspiel zwischen Mauerkörper und Untergrund erwarten. An solchen
Modellen lassen sich auch viele Messungen durchführen, welche in der Natur unmöglich wären. Aus solchen Verformungsmessungen wiederum lassen sich Voraussagen
über die zu erwartenden Deformationgrößen in der Natur ableiten.

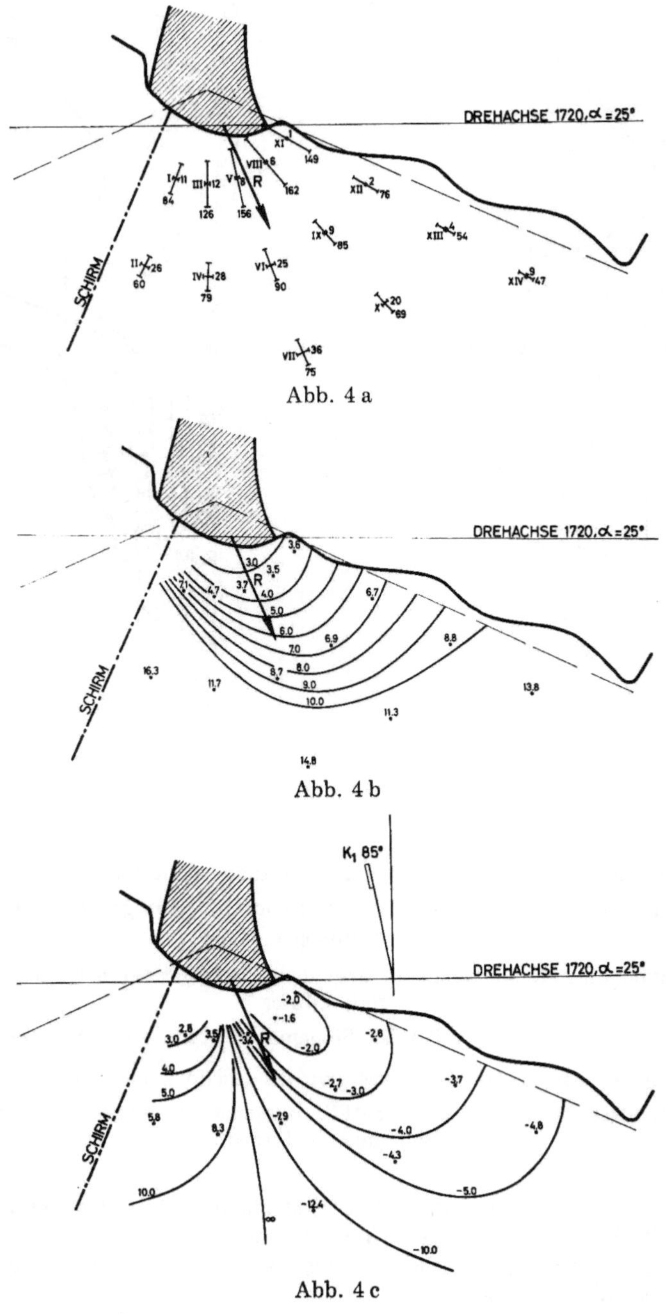

Abb. 4 a

Abb. 4 b

Abb. 4 c

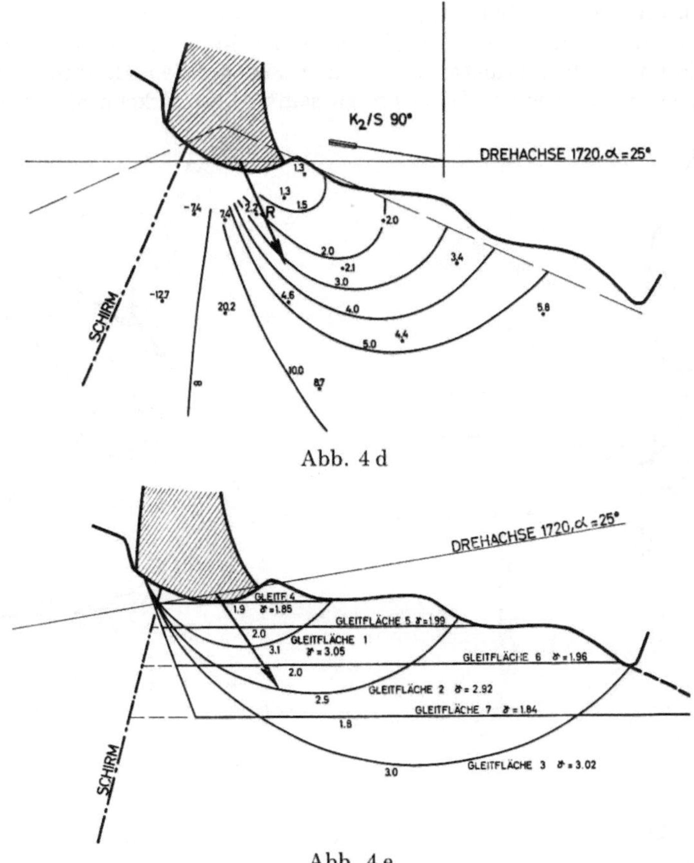

Abb. 4 d

Abb. 4 e

Abb. 4. Statische Untersuchung eines Bogenwiderlagers im Schrägschnitt

a) Hauptnormalspannungen; b) Linien gleicher partieller Sicherheit $\beta : \tau_0$; c) Linien gleicher partieller Sicherheit $\beta : \tau_{K_1}$; d) Linien gleicher partieller Sicherheit $\beta : \tau_{K_2}/S$; e) Vergleich der „Sicherheit" gegen Bruch nach Gleitkreisen und nach Bruchnischen

Static analysis of an arch dam abutment along an inclined section

a) principal stresses; b) lines of equal partial safety ratio $\beta : \tau_0$; c) lines of equal partial safety ratio $\beta : \tau_{K_1}$; d) lines of equal partial safety ratio $\beta : \tau_{K_2}/S$; e) comparison of the safety against failure along slip circles and uneven rupture surfaces (niches)

Recherche statique d'un contrefort de barrage-voûte en section biaise

a) tensions normales principales; b) lignes de la même sécurité partielle $\beta : \tau_0$; c) lignes de la même sécurité partielle $\beta : \tau_{K_1}$; d) lignes de la même sécurité partielle $\beta : \tau_{K_2}/S$; e) comparaison de la „sécurité" de rupture d'après cercles de frottement et d'après niches de rupture

Folgerungen

Bei entsprechender Materialkenntnis können die Setzungsgrößen im Felskörper unter der zusätzlichen Belastung der Talsperre vorausberechnet und mit den Naturmaßen verglichen werden. (Dabei ist auch der plastische Anteil zu beachten.)

Durch solche Untersuchungen wird man auf die kritischen Bereiche, auf Lage und Richtung dort beginnender Zerscherungen oder Zerrungen aufmerksam gemacht.

Aus Großversuchen ist bekannt, daß bei Überschreiten einer bestimmten Grenze die Querverformung von geklüfteten Felsblöcken sehr stark zunimmt. Die Verformung — Dehnung oder Auflockerung — quer zur größten Hauptnormalspannung scheint daher ein maßgebendes Kriterium zu sein*. Diese Erkenntnis sollte sich auch

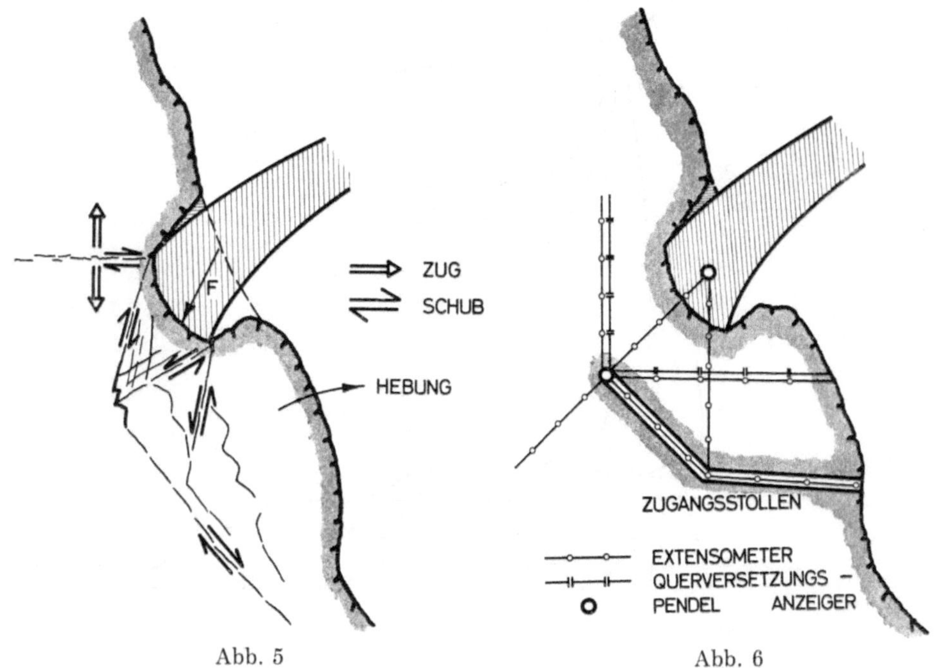

Abb. 5. Schematische Darstellung der Bewegungsmöglichkeiten
Schematic representation of possible movements in a rock abutment
Représentation schématique des mouvements possibles

Abb. 6. Geräteausrüstung zur Beobachtung der in Abb. 5 skizzierten Bewegungen
Measuring instrumentation for observing movements indicated on Fig. 5
Equipement pour observer les mouvements esquissés dans la Fig. 5

die Meßtechnik zunutze machen und nahe einer Überbeanspruchung stehende Bereiche oder kritische Schnitte so ausrüsten, daß Verformungen parallel und quer zu der Hauptkraftrichtung unter Kontrolle gestellt werden.

Als Meßgeräte für diesen Zweck sowie zur Erfassung beginnender Scherbrüche kommen in Frage:

a) *Mehrfach-Extensometer*, welche Längenänderungen in beliebig vielen Zwischenabständen abzulesen gestatten. Mit ihrer Hilfe kann die Verformung des Widerlagerkörpers unmittelbar unter der Gründungssohle in Richtung der größten und kleinsten Hauptspannungen kontrolliert werden.

b) *Klinometer, Schlauchwaagen* und *Pendel* zur Messung von Neigungsänderungen; letztere vor allem zur Messung von Absolutverschiebungen.

c) *Querverschiebungsanzeiger*, sogenannte elektrische Meßketten, welche beginnende Scherbrüche oder größere Verschiebungen im Verband anzeigen.

---

* Siehe Diskussionsbeitrag L. Müller zum VIII. Internationalen Talsperrenkongreß Edinburg, England, Mai 1964.

Hierzu darf auf die Veröffentlichungen von Müller: „Messungen in Stollen und Bohrlöchern zur Erfassung von Gebirgsdeformationen", Zürich 1965, und „Die Einschätzung der Belastbarkeit des Felsuntergrundes beim Bau von Talsperren", Weimar 1964, hingewiesen werden, welche sich mit diesen Geräten und deren Einsatzmöglichkeiten ausführlich befassen.

Neben den Forderungen nach einem weiträumigen Bewegungsvergleich und der Erfassung größerer Tiefen des Gebirges bzw. unzugänglicher Bereiche wird von den Geräten zur Beobachtung von Felsverformungen verlangt, daß sie eine sofortige Ablesung und rasche Auswertung erlauben und daß im Bedarfsfall auch eine Fernübertragung der Meßwerte möglich ist.

Bei Überwachungsgeräten kommt es in der Regel darauf an, Veränderungen von Meßgrößen, nicht sosehr diese selbst, genau zu erfassen.

Einen Vorschlag für die Anordnung solcher Geräte in einem maßgebenden Querschnitt bringen die nebenstehenden Abb. 5 und 6. Bei der Austeilung soll kein Bereich ungedeckt bleiben. Die Meßgeräte sollen ja rechtzeitig auf unvorhergesehene Erscheinungen aufmerksam machen und vor Überraschungen schützen, wenn sie nicht rein der Erforschung der Auswirkungen der Widerlagerbelastung dienen.

Wie groß mitunter das Mißverhältnis zwischen Bekannten und Unbekannten in den Berechnungen und Überlegungen ist, zeigen uns manche Fehlschläge. Die Kontrollgeräte bilden daher ein wesentliches Glied zur Sicherung unserer Bauwerke.

Dimensionierung von Schacht- und Streckenmauerungen mit Kreisringprofil im Bergbau*

Von

J. Horvath**

Die Kohlenvorkommen in Ungarn liegen im Jura und in noch jüngeren geologischen Zeitabschnitten. Die Festigkeiten sind deshalb gering. Die aufgefahrenen Strecken stehen unter einem allseitigen Druck; es müssen deshalb 40 % der jährlich aufgefahrenen Strecke mit geschlossenen Konstruktionen verbaut werden. Zur Ermittlung der Ursachen der Verformung wurden von der Abteilung für Gebirgsmechanik des Forschungsinstitutes für Bergbau in Budapest — unter der Leitung des Verfassers — an den Gesteinen der Kohlenreviere eingehende Untersuchungen durchgeführt.

Dabei wurde unter anderem ein Verfahren für die Bestimmung der plastischen Fließgrenze ausgearbeitet.

Bei den einachsigen Druckversuchen erfolgten die Messungen in 12 bis 15 gleichen Belastungsstufen. Die Formänderungen wurden mit einer Genauigkeit von 0,02 μ gemessen. Aus den zu den einzelnen Stufen gehörenden Deformationen wurden die Poisson-Ziffern sowie die E-Moduln ermittelt.

Aus einer großen Zahl von Messungen wurde festgestellt, daß die Poisson-Ziffer und der Elastizitätsmodul im elastischen Bereich konstant sind; beide Werte verändern sich während weiterer wachsender Belastung. Hier verhält sich das Gestein plastisch.

Dabei wurde weiter festgestellt, daß im plastischen Bereich auch während ruhender Belastung Formänderungen stattfinden.

Im übrigen bestätigen die Versuche, daß die Gesteine in die konstruktiven Überlegungen mit einbezogen werden können.

Der Verfasser hat theoretisch bewiesen, daß die horizontalen Hauptspannungen in der Erdkruste — abhängig von den Gesteinskennwerten — bis zu einer bestimmten Teufe dem Hooke schen Gesetz, in größerer Teufe aber dem Huber - Mises - Gesetz folgen. Wenn die Fließspannung klein ist, die Teufe aber groß, nähert sich die zweite Hauptspannung dem geostatischen Druck. Der Verfasser gibt die Gleichung der Spannungskomponenten in der Umgebung von Schächten und Strecken im Kreisprofil bekannt.

Auf Grund der vom Verfasser durchgeführten Versuche kann man die Fließspannung für jede Gesteinsart feststellen; sie ist der wichtigste Faktor bei einem einachsigen Versuch. Diese Verzerrungsarbeit entspricht dem Spannungszustand in der Umgebung des Schachtes.

In der Umgebung der aufgefahrenen Strecke kann sich eine plastische Zone bilden, die im Sinne des Huber - Mises - Gesetzes gegen das Innere der Strecke wandert. Die Verformung der Strecke kann vermieden werden, wenn man die Bildung der plastischen Gesteinszone unmöglich macht. Das wird dadurch erreicht, daß man auf dem nicht ausgebauten inneren Mantel des Schachtes oder der Strecke mit Kreisprofil ein solches Kräftesystem überlagert, welches das plastische Fließen von vornherein verhindert. Aus diesen Gesetzen hat der Verfasser folgende Zusammenhänge abgeleitet:

---

* Horváth, J.: A New Approach to the Determination of Stresses in the Earth's Crust and Strata Pressure on Tunnel Linings. Int. J. Rock Mech. Min. Sci. Vol. 2, pp. 327—340.

** Dr. Josef Horváth, Leiter der Abteilung für Gebirgsmechanik des Forschungsinstitutes für Bergbau, Toldy Ferenc u. 60, Budapest, Ungarn.

a) Man kann die Verformungen und die Spannungen der plastischen Zone im Falle eines achsensymmetrischen Spannungzustandes und für ein Kreisprofil berechnen.

b) Man kann den auf die starre Kreisringmauerung wirkenden Gebirgsdruck bei achsensymmetrischem Spannungszustand bestimmen.

c) Mit den abgeleiteten Zusammenhängen kann man die Dimensionierung der Kreisringmauerung durchführen.

Nach dem vom Verfasser entwickelten Verfahren wurden in Ungarn die tiefen Schächte verbaut.

Dimensioning of Ring-Shaped Walls of Shafts and Roadways

Hungarian coal seams date from the Jurassic period or from even more recent geological periods. Therefore their strength is low. The roadways are subject to universal pressure. This makes it necessary to erect complete support construction in 40 % of all roadways driven in one year. The section for Rock Mechanics of the Hungarian Mining Research Institute has, under the direction of the author, conducted detailed investigations on the basis of the rocks of coal mines in order to establish the causes of deformations.

Among other studies, a method was developed to determine the plastic flow limit.

In the uniaxial pressure tests measurements were taken in 12 to 15 regularly advancing stages of loading. The deformations were recorded with an exactitude of $0.02\,\mu$. From the deformations occurring at each stage the Poisson's Ratios and the Moduli of Elasticity were determined.

A large number of measurements led to the conclusion that Poisson's Ratio and the Modulus of Elasticity remain constant in the elastic region. If the load increases further, then both values change. In this case the rock behaves plastically.

It was further ascertained that in the plastic region deformations take place even if the load remains constant.

The tests confirmed also the belief that these rocks can be included in considerations with regard to construction.

The author has proved theoretically that the horizontal main stresses in the earth-crust — dependent upon the characteristic rock value — follow Hooke's law to a certain depth, and the Huber-Mises law below that depth. If the flow stress is low and the depth great, then the second main stress approaches the geostatic pressure. The author provides the equation of the stress components around shafts and roadways of circular section.

On the basis of the tests conducted by the author the flow stress of every kind of rock can be determined. The flow stress is the most important factor in a uniaxial test. This distortion effect corresponds to the state of stress around the shaft.

In the vicinity of the roadway a plastic zone may develop which moves towards the interior of the roadway, according to the Huber-Mises law. A deformation of the roadway can be prevented if the formation of that plastic rock zone is made impossible. This can be done by superimposing upon the unlined inner surface of the shaft or circular-section roadway a force system of such a kind as to prevent plastic flow from the outset. From these laws the author has deduced the following conclusions:

a) The deformations and stresses of the plastic zone can be calculated for an axially symmetrical state of stress as well as for a circular section.

b) The rock pressure on the rigid ring-shaped wall can be determined for an axially symmetrical state of stress.

c) The dimensioning of the ring-shaped wall can be determined according to the deduced conclusions.

According to the method developed by the author the deep shafts in Hungary were supported.

Dimmensionnement du soutènement de puits et galeries à section circulaire dans l'exploitation des mines

En Hongrie, les gisement de charbon se trouvent dans des formations jurassiques ou plus récentes. Ces terrains sont donc peu résistants. La poussée du terrain sur les galeries est telle que 40 % de leur longueur doivent être soutenus sur toute leur surface. Pour découvrir les causes de la déformation, la Section de Mécanique des Roches de l'Institut de Recherches Minières de Budapest (sous la direction de l'auteur) a exécuté des recherches détaillées sur le roches des bassins houillers.

A cette occasion on a notamment mis au point une méthode pour déterminer le seuil d'écoulement plastique. Dans l'essai de compression uniaxiale, on a mesuré la déformation pour 12 à 15 échelons de charge, avec une précision de 0.02 micron. Le nombre de P o i s s o n et le module d'élasticité étaient obtenus pour chacun des échelons.

D'après un grand nombre de mesurees, le nombre de P o i s s o n et le module d'élasticité sont constants dans le domaine élastique; les deux valeurs se modifient lorsque la charge diminue. Le comportement de la roche est donc plastique. On a constaté en outre dans le domaine plastique, des déformations pendant l'application d'une charge constante. D'ailleurs les essais montrent que les considérations de résistance des matériaux s'appliquent aux roches.

L'auteur a démontré théoriquement que dans l'écorce terrestre les contraintes principales horizontales se conforment à la loi de H o o k jusqu'à une certaine profondeur dépendant des paramètres de la roche, mais qu'à une profondeur plus grande elles se conforment à la loi de H u b e r - M i s e s. Si le seuil de plasticité est peu élevé mais la profondeur grande, la contrainte principale moyenne se rapproche de la contrainte géostatique. L'auteur publie l'équation des composantes de la contrainte au voisinage des puits et galeries à section circulaire.

D'après les essais exécutés par l'auteur, on peut déterminer le seuil de plasticité pour chaque type de roche; c'est le facteur le plus important dans l'essai uniaxial. Ce travail de déformation intime (Verzerrungsarbeit) se conforme à l'état de contrainte au voisinage d'un puits.

Au voisinage de l'avancement d'une galerie, une zone plastique peut se développer et se déplacer vers l'intérieur de la galerie d'après la loi de H u b e r - M i s e s. On peut éviter la déformation de la galerie en rendant impossible le développement de la zone plastique. Cela peut être obtenu en ajoutant sur la face interne non revêtue du puits ou de la galerie un système de forces suffisant pour prévenir l'écoulement plastique. De ces lois, l'auteur a tiré les relations suivantes:

a) On peut calculer les déformations et les contraintes dans la zone plastique dans le cas d'un état de contrainte à symétrie axiale et pour une section circulaire.

b) On peut déterminer la pression qui s'exerce sur un anneau circulaire rigide pour un état de contrainte à symétrie axiale.

c) À partir des relations précédentes, on peut dimensionner le revêtement circulaire.

C'est d'après la méthode développée par l'auteur que sont revêtus les puits profonds de Hongrie.

Über einige derzeit verwendete Stollenvortriebsmaschinen

Von

F. Locker*

Mit 18 Textabbildungen

Zusammenfassung — Summary — Résumé

Über einige derzeit verwendete Stollenvortriebsmaschinen. Ein Stollen- und Streckenvortrieb mit geeigneten Vortriebsmaschinen zeichnet sich durch eine besonders hohe Wirtschaftlichkeit aus, da beträchtliche Einsparungen am Ausbau gemacht werden können und die Vortriebsgeschwindigkeiten wesentlich über den normal erreichten liegen. Als Beispiel wird die Vortriebsarbeit im Braunkohlentiefbau Trimmelkam angeführt, wo teils maschinell, teils durch Schießarbeit jährlich 6000—8000 m Aus- und Vorrichtungsstrecken aufgefahren und durch Voll- oder Halbmechanisierung der Ladearbeit Leistungen von 0,9—1,0 m pro Mann und Schicht erreicht werden. Anschließend werden die in Österreich verwendeten Vortriebsmaschinen ausführlich besprochen: Die Maschine „THOMAS", die einen Durchmesser von 1,9 m fräst, die Maschine des Österreichischen Schacht- und Tiefbauunternehmens Wien, die einen Fräsdurchmesser von 3,4 m hat und derzeit im Wolfsegg-Traunthaler Kohlenrevier in Oberösterreich eingesetzt ist, sowie die auch im festen Gestein brauchbare, bei der Österreichischen Alpine Montangesellschaft, Werk Zeltweg, gebaute Wohlmeyer-Maschine, die derzeit im Ruhrgebiet mit Erfolg arbeitet.

Schließlich werden noch einige aktuelle Tunnelbohrvortriebs- und Gewinnungsmaschinen aus den USA, der UdSSR, England und aus der Bundesrepublik Deutschland näher behandelt.

On Some Piercing Machines Used at Present. To drive galleries and to work in advance headings the use of suitable piercing machines is highly economical, since the finishing results can be much cheaper and the speed of advancing considerably higher than that reached in the normal way. The author sets the example of the advance work in the brown coal underground mine Trimmelkam, where partly by means of machines and partly by means of blasting 6000 to 8000 m of excavations and galleries are performed every year, and where through fully or half mechanized driving loading performances of 0.9 to 1.0 m per head and shift are accomplished. A detailed discussion of the piercing machines used in Austria follows: these are the machine "THOMAS", which cuts over a diameter of 1.9 m; the machine of the "Österreichisches Schacht- und Tiefbauunternehmen, Wien", which has a cutting diameter of 3.4 m and which is at present working in the Wolfsegg-Traunthaler coal-mining area; the Wohlmeyer machine, constructed by the "Österreichische Alpine Montangesellschaft, Zeltweg", which can also be used in solid rock. This machine is at present successfully working in the Ruhr district.

Lastly some new piercing machines used in the United States, the USSR, England and the German Federal Republic are presented.

Quelques machines d'avancement actuellement utilisées dans l'excavation de galeries. Dans l'excavation de galeries et dans l'avancement par des machines appropriées on peut faire des économies remarquables dans le travail d'achèvement et la vitesse d'avancement

* Bergdirektor Bergrat h. c. Dipl.-Ing. Dr. mont Friedrich L o c k e r, Salzach-Kohlenbergbau GmbH, Trimmelkam, 5120 Wildshut, OÖ.

peut dépasser considérablement les vitesses normalement atteintes. La mine de charbon
de Trimmelkam peut servir de modèle, où en partie à la machine, en partie à l'explosif,
on accomplit de 6000 à 8000 m de galeries et d'avancement par an, et où on a pu atteindre
des résultats de chargement compris entre 0,9 m et 1,0 m pro personne et pro journée
de travail. Enfin les machines d'avancement utilisées en Autriche sont décrites en détail:
la machine "THOMAS" qui fraise sur un diamètre de 1,9 m; la machine de l'"Österreichisches Schacht- und Tiefbauunternehmen, Wien" qui a un diamètre de fraise de 3,4 m et qui
travaille présentement dans la région minière de Wolfsegg-Traunthal; de même que la
machine Wohlmeyer, utilisable aussi dans les roches dures, de l'"Österreichische Alpine
Montangesellschaft, Zeltweg", qui travaille actuellement dans la Ruhr.

Pour finir l'auteur parle des récentes machines d'excavation mises au point aux
USA, en URSS, en Angleterre et dans l'Allemagne de l'Ouest.

Bei der Kalkulation von Stollen- und Streckenvortrieben erscheint oft der
Einsatz von Vortriebsmaschinen als unzweckmäßig, insbesondere wenn man an-
nehmen muß, daß sich die Gesteinsart im Laufe des Vortriebes ändert. Harte Einlagerungen im Gesteinsverband z. B. können die weitere Verwendung der Vortriebsmaschinen, die hinsichtlich der Schnittgeschwindigkeit der Messer meist nur für
Gesteine mit einer Druckfestigkeit bis etwa 600 kp/cm² konstruiert sind, unmöglich machen, und man muß dann die Maschinen aus dem Betrieb nehmen.

Die Tatsache jedoch, daß der Vortrieb mit Schießarbeit um etwa 20 % mehr
Ausbruch bringt als ein auf das notwendige Maß des Profils gefräster Ausbruch,
ferner die Kosten des Zwischenausbaues, der durch die starke Auflockerung des

Abb. 1. Abbaustrecke in Holzzimmerung im voreilen-
den Gebirgsdruck mit Schießarbeit aufgefahren. —
Braunkohlenbergbau, Trimmelkam (Österreich)
Gate-road with woodtimbers and advanced thrust
driven by shotwork at brown-coalmine, Trimmelkam
(Austria)
Galerie avec soutènement de bois en pression avancee
de terrain creusée au tir dans la mine de charbon
brun, Trimmelkam (Autriche)

Nebengesteines durch das Spren-
gen notwendig, bei gefrästen
Vortrieben jedoch häufig ent-
behrlich wird, erfordert eine
Korrektur solcher Kalkulationen.

Bekanntlich gehen bei der
herkömmlichen Sprengarbeit in
einem Streckenvortrieb von 7
bis 10 m² Querschnitt etwa 70 %
der Sprengmittelkraft in das
Nebengestein, wodurch Firste,
Sohle und Ulme aufgelockert
oder zertrümmert werden; meist
muß dann sofort der Ausbau
eingebracht werden. Hinter Vortriebsmaschinen jedoch, besonders bei kreisrund gefrästem
Profil, steht die Röhre im gleichen Gebirge selbst bei langlebig
geplanten Strecken oder Stollen
oft ohne Ausbau bis zum Ein-
bau der definitiven Mauerung.
Allerdings ist es durch die Ein-
führung des Millisekundenschie-
ßens gelungen, die weit um sich

greifende schädliche Wirkung des Sprengens auf das Nebengestein herabzumin-
dern und besser auf das Ausbruchsprofil zu konzentrieren. Aber auch dabei wird
das Gestein im Vergleich zum Gesteinslösen ohne Sprengung vergleichsweise brutal
behandelt.

Es sei hier daran erinnert, welche Kräfte bei Verwendung der herkömmlichen
Sprengstoffe auf das Gestein einwirken: Schwarzpulver hat eine Detonations-

geschwindigkeit von 400 m/sec, und 1 kg leistet eine Arbeit von 280 000 kpm; bei Donarit sind es 4800 m/sec und 430 000 kpm, bei Dynamit 6500 m/sec und 550 000 kpm; bei Alpinit 100 beträgt die Detonationsgeschwindigkeit 7500—8000 m/sec und die Arbeit 680 000 kpm.

Wie sinnvoll die Verwendung von Vortriebsmaschinen, besonders wegen der damit verbundenen Schonung des Nebengesteins, im Tunnel- und Bergbau ist, kann man aus den Abb. 1, 2 und 3 ersehen. Die in Holz gezimmerte Strecke wurde mit Schießarbeit aufgefahren, die anderen beiden mit einer Streckenfräse vom Durchmesser 1,90 m. Alle diese Strecken sind im Kohlenflöz und in Abbaunähe fotografiert, dort, wo bereits dynamischer Druck wirksam ist; sie liegen etwa 70 m voneinander entfernt.

Erwähnenswert ist, daß die in Abb. 3 erkennbaren vierteiligen Stahlringe bei den in Schießarbeit hergestellten Strecken des Kohlenbergbaues Trimmelkam auf 70 cm Entfernung gesetzt werden, während diese Ausbauringe bei einer gefrästen Strecke, bei der sie satt am Gestein ohne Hinterfütterung anliegen, nur auf eine Entfernung von 90—120 cm gestellt werden, was Einsparung bedeutet. Weiterhin können die Ringe aus gefrästen Strecken, wenn sie, im dynamischen Gebirgsdruck stehend, beim Abbau geraubt werden, oft ohne Richtpressen sofort wieder verwendet werden; sie weisen kaum eine Deformation auf, während die Ringe aus einer mit Schießarbeit hergestellten Strecke deformiert sind, zum Richten gebracht werden müssen und schließlich sogar ein Teil ganz verlorengeht, nachdem sie durch den einseitigen Druck oft aufgerissen sind.

Der maschinelle Vortrieb bietet also gegenüber den herkömmlichen Vortriebsmethoden viele Vorteile, und es ist daher für den mit Fragen des Stollen- und Bergbaues beschäftigten Ingenieur wichtig, einen Überblick über die heutzutage im Berg- und Tunnelbau verwendeten Strecken- und Stollenvortriebsmaschinen zu gewinnen.

Abb. 2. Mit ϕ 1,90 m gefräste Abbaustrecke in denselben Verhältnissen wie Abb. 1 mit Firstankerung, Trimmelkam (Österreich)

Gate-road milled by machine ϕ 1.9 m at the same thrust-conditions as Phot. 1 and roofbolts at Trimmelkam (Austria)

Galerie de déblocage circulaire ϕ 1,90 m — Boulonnage du toit et de parements (ancrage à coin) à proximité du front, Trimmelkam (Autriche)

Abb. 3. Rundgefräste Strecke, ϕ 1,90 m, mit vierteiligem Stahlausbau in der Nähe der Abbaufront. — Trimmelkam (Österreich)

Circular milled gate-road, ϕ 1.9 m, with steeltimber devided into four parts near the face, at Trimmelkam (Austria)

Galerie circulaire fraisée, ϕ 1,90 m, avec soutènement partiel en cintres à 4 éléments à proximité du front, Trimmelkam (Autriche)

An dieser Stelle kann eine erschöpfende Übersicht über alle Vortriebsmaschinen nicht gegeben werden. Es darf hier auf den Versuch des Verfassers zu einer umfassenden Zusammenstellung der Vortriebsmaschinen an anderer Stelle hingewiesen werden (Locker, 1962).

Zunächst sollen die in Österreich im Einsatz stehenden oder aus Österreich stammenden Stollen- und Streckenvortriebsmaschinen behandelt werden:

Die Vortriebsmaschine „THOMAS" wurde noch vor dem Krieg auf den südmährischen Lignitgruben entwickelt. Im Krieg wurden 30 Einheiten dieser Maschine (Abb. 4) gebaut. Eines dieser Exemplare wurde von der Tiefbohrfirma Ing. A. Vogel, später von dem Österr. Schacht- und Tiefbauunternehmen (ÖSTU), Wien, verstärkt und konstruktiv verbessert. Die beiden mit Hartmetallmessern bestückten Frässcheiben (Abb. 5) wälzen sich rückwärts mit einem Ritzel auf einem Innenzahnkranz

Abb. 4. Vortriebsmaschine „THOMAS", verbessert und verstärkt durch das ÖSTU (Wien), ⌀ 1,90 m

Headingmachine „THOMAS" improved and threngthened by the ÖSTU (Vienna), ⌀ 1.9 m

Engin de creusement de galerie „THOMAS", ⌀ 1,90 m, reformée et fortifiée par ÖSTU à Vienne (Autriche)

entgegengesetzt der Haupt-Sonnenbewegung ab, und die Messer bestreichen die Ortsbrust in Hypozykloidenform. Das anfallende Fräsgut (Stückgröße bis zu 40 mm) wird von der Sohle mit Schaufeln hochgehoben und rutscht auf ein seitwärts angebrachtes Förderband, welches dasselbe hinter die Maschine bringt. Die gesamte Maschine wiegt 5 t und hat drei elektrische Antriebsmotoren von insgesamt 35,5 PS;

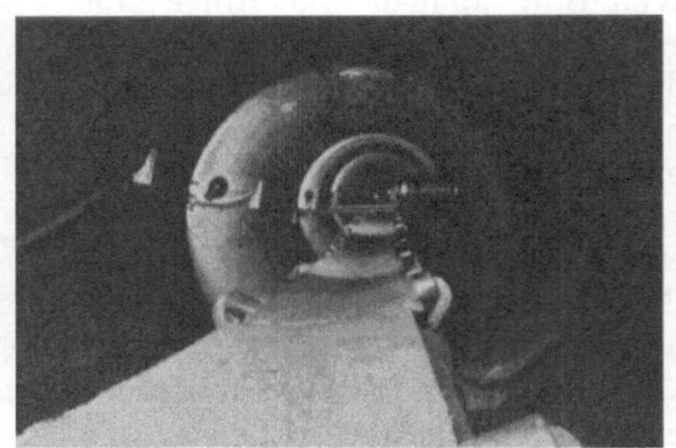

Abb. 5   Abb. 6

Abb. 5. Fräskopf der „THOMAS"-Vortriebsfräse
Milling-head of the „THOMAS" heading miller
La tête de fraisage „THOMAS"

Abb. 6. Mit der Fräse „THOMAS" des ÖSTU aufgefahrene Strecke, ⌀ 1,90 m, mit Förderband. — Trimmelkam (Österreich)
Road, driven with the miller „THOMAS" of the ÖSTU, with beltconveyor, Trimmelkam (Austria)
Une galerie fraisée par „THOMAS" ⌀ 1,90 m avec la courroie, Trimmelkam (Autriche)

davon dient einer mit 25 PS für die Hauptdrehbewegung, der zweite für den Vorschub der Raupen und der dritte für den Antrieb des Förderbandes.

Der Röhrendurchmesser beträgt nur 1,90 m, und zwar deshalb, weil in Südmähren am 3 m mächtigen Kohlenflöz ein jeweils 0,5 m starkes Kohlenblatt an der Firste und Sohle wegen der weichen, quellbaren Sande und Tone im Hangenden und Liegenden des Flözes belassen werden mußte. Als Fördermittel in den Strekken diente damals ein 50 cm breites Gummiband, für das Platz genug war. In einem homogenen Gebirgskörper steht die gefräste Röhre ohne Ausbau, und es können Gesteine bis 400 kp/cm² Druckfestigkeit normal gefräst werden. Im Krieg wurden mit dieser Maschine im Karpatenschiefer von 600 kp/cm² Druckfestigkeit Richtstollen vorgetrieben, die dann für den Luftschutz ausgeweitet wurden.

Diese Maschine ist eine gute, wenn nicht sogar die bisher am besten funktionierende Vortriebsmaschine im Bergbau der Welt. Es wurden mit dieser einen Maschine in Österreich etliche 10 km Röhren aufgefahren, allein im Bergbau Trimmelkam waren es 6000 m (Abb. 6).

Auf dem Konstruktionsprinzip der Vortriebsmaschine „THOMAS" aufbauend, hat das ÖSTU eine Maschine mit einem Fräsdurchmesser von 3,4 m gebaut und damit der erhöhten Nachfrage nach Vortriebsmaschinen mit größeren Fräsdurchmessern Rechnung getragen (Abb. 7). Derzeit hat sie im Bergbau Schmitzberg der Wolfsegg-Traunthaler Kohlenwerks AG. bereits über 1000 m Stollen von Obertags

Abb. 7. Stollen- und Streckenvortriebsmaschine des ÖSTU, $\varnothing$ 3,40 m, kreisrund (Österreich)
Circular drift- and headingmachine of the ÖSTU, $\varnothing$ 3.4 m (Austria)
Engin de creusement de galerie, $\varnothing$ 3,40 m, de ÖSTU (Vienne, Autriche)

Abb. 8. Die Wohlmeyer-Stollenfräse für feste Gesteine, $\varnothing$ 3,10 m (Österreich)
The Wohlmeyer-driftingmiller for solid rocks, $\varnothing$ 3.1 m (Austria)
Machine de creusement du galerie, système Wohlmeyer (Autriche)

aufgefahren. Die Maschine wurde beim MUT Stockerau hergestellt und wiegt 14 t. Es sind ebenfalls drei E-Motoren mit insgesamt 82 PS installiert. Die gefräste Querschnittfläche beträgt 9,1 m², und die Maschine ist für Gesteine bis 400 kp/cm² Druckfestigkeit ausgelegt.

Beim derzeitigen Einsatz in Schmitzberg wurden in der zähen Lignitkohle in zwei Schichten 10 m, mit Spitzen von 14,5 m/Tag, erreicht. Der Hartmetallverbrauch von 1 cm³ war für 12 m³ Arbeitsvolumen entsprechend hoch. Bei der von Hand durchgeführten Durchörterung eines „Alten-Mann"-Abschnittes wurde mit den besten örtlichen Arbeitskräften in zwei Schichten eine Tagesleistung von 0,5—2,0 m erreicht.

Bei der Durchfahrung von klebrigen Tonschichten unter dem Kohlenflöz mußte die Maschine mit einem wasserabstoßenden Kunststoffgleitüberzug ausgestattet werden; gleichzeitig mußten Scherbleche und griffigere Raupen eingebaut werden. Hier betrug die durchschnittliche Auffahrleistung in zwei Schichten nur 7 m, 1 cm³ Hartmetall wurde allerdings für 34 m³ Arbeitsvolumen verbraucht. Im standfähigen Mergel stiegen die Leistungen auf 11 m/Tag und erreichten Spitzen von 14,5 m. In allen diesen Leistungen sind die Stillstandzeiten der Maschine für das Einbringen des vierteiligen Stahlbogens, Profil XIII, der ÖMAG — Zeltweg und des Vorzuges inbegriffen, so daß die reine Fahrzeit der Vortriebsmaschine meist nur 10 Stunden/Tag betrug*.

Der Stollen in Schmitzberg ist jetzt über 1200 m aufgefahren, einschließlich der von Hand durchgeführten Vortriebe durch Haldenmaterial und den „Alten Mann", und soll insgesamt 1500—1700 m lang werden. Die Abförderung des gefrästen Gutes erfolgt von der Maschine über ein 35 m langes Förderband, das, auf einer Einschienenhängebahn aufgehängt, von der Maschine mitgezogen wird. Unter diesem Band wird ein Wagenzug aufgestellt und das Fördergut in 1000-Liter-Wagen gefüllt. Dieser Stollenvortrieb ist ein Beispiel, wie auch in einem wechselvollen, weichen Gebirge mit Erfolg und guter Leistung maschinell gearbeitet werden kann.

Die in Österreich konstruierte und gebaute Wohlmeyer-Stollenvortriebsmaschine (Abb. 8) wiegt 27 Tonnen, hat sechs E-Motoren von insgesamt 143 PS Leistung, einen Durchmesser von 3,1 m und fräst und bricht ein Profil von 7 m². Sie ist für mittelfeste Gesteine bis 1400 kp/cm² Druckfestigkeit ausgelegt. Wie die vorher beschriebenen Maschinen arbeitet auch sie nach dem Prinzip der Planetenbewegung, wodurch die Drehmomente ausgeglichen werden und die Richtungseinhaltung gewährleistet ist. Die Maschine wurde im Werk Zeltweg der ÖAMG gebaut und ins Ruhrgebiet an den Steinkohlenbergbau-Verein verkauft.

Inzwischen gingen die Patente an die Maschinenfabrik W. Habegger, Thun (Schweiz), welche die Stollenbohrmaschine nach eigenen Ideen weiterentwickelt. Nach Schönfeld und Arzypowski (1965) ist die Maschine überhaupt der derzeit beste für den Flözstreckenvortrieb geeignete Typ.

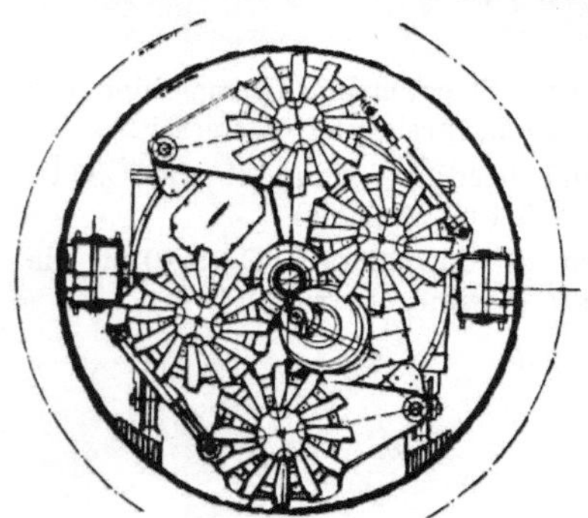

Abb. 9. Der Fräskopf der Wohlmeyer-Stollen- und -Streckenvortriebsmaschine

The millerhead of the Wohlmeyer-drifting- and -headingmachine

Tête de fraisage de l'engin de creusement de galerie Wohlmeyer — Autriche — vue de face

Die Maschine hat am Kopf vier Frässcheiben (Abb. 9). Ein vorgesetzter Zentralfräser bohrt ein Einbruchsloch von 60 cm Durchmesser, die beiden etwas schräg gestellten Mittelfräser weiten dieses Loch aus, und in der weiteren Phase wird mit den Außenfräsern der Durchmesser von 3,1 m erreicht. Die mit Hartmetall bestückten Messer hinterschneiden das Gebirge und brechen so zum Teil das Gestein heraus. Die Fräser sitzen mit eigenen Motoren in einer Trommel, welche als Hauptbewegung etwa 20 Umdrehungen/Stunde macht. Die Schnittgeschwindigkeit an den Messern liegt bei 10—20 m/min; sie läßt sich je nach der Gesteinshärte variieren. Die Messer-

---

* Im sandigen Mergel wurde 1 cm³ Hartmetall für 11,5 m³ verbraucht, während in stark sandigem Mergel der Verbrauch nur für 7,6 m³ Arbeitsvolumen ausreichte. Dieser Verbrauch stimmt mit dem Verbrauch der seinerzeitigen „THOMAS"-Maschine-Auffahrung des Leokardiastollens in Kohlengrube im gleichen, stark sandigen Mergel des Kohlenreviers genauest überein, was die Vorteile meiner Verbrauchstabellen für die Praxis bestätigt (vgl. Locker, 1962).

bahnen erscheinen im Profil schraubenartig (Abb. 10). Die Maschine ist kurven-
gängig und hat eine besondere Trimmeinrichtung.

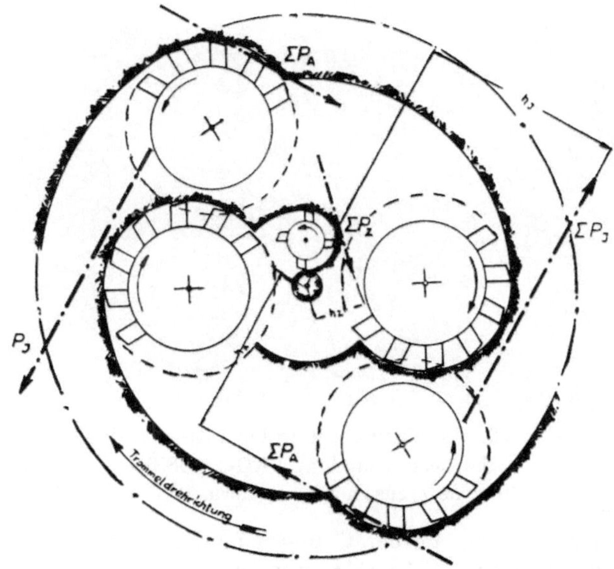

Abb. 10. Die Messerbahnen am Fräskopf der Wohlmeyer-Maschine
The knifepath on Millerhead of the Wohlmeyer machine
Les chemins du couteau sur la tête de fraiseuse de la machine Wohlmeyer

Der erste Versuchseinsatz im Ruhrgebiet erfolgte auf Zeche Westerholt der
Bergwerksgesellschaft Hibernia A. G. im Oktober 1962. Es wurden bei dem 185 m
langen Versuchsstollen Spitzen bis zu 3 m/Stunde erreicht; durchschnittlich wurden
allerdings nur 1,7 m/Stunde be-
wältigt. Das Gestein im Versuchsstollen bestand aus dem 0,85 m
mächtigen, flach liegenden Flöz
Iduna 2 und Schiefern im Hangenden und Liegenden von max.
250 kp/cm² Festigkeit.

Wegen Mängel an der Hy-
draulik, dem Fahrwerk und der
Abförderung des Fräsgutes ent-
schloß man sich zu einem Umbau,
der von der Fa. Krupp durchgeführt wurde. Der zweite Versuch fand nach dem Umbau im
Flöz S 1, das mit 25° einfiel, in
einer Tiefe von rund 650 m statt;
der Hangend-Schieferton hatte
Prallhammerwerte bis 540 kp
pro cm². Es wurden 750 m Flözstrecke aufgefahren, und der
Durchschlag in den vorbereiteten
Demontageraum wurde im Deut-
schen Fernsehen gezeigt. Bei die-

Abb. 11. Die Nachreißmaschine Bretby-Sutcliffe
(Großbritannien)
The rippingmachine „Bretby-Sutcliffe"
(Great Britain)
Le machine de bosseyement Bretby-Sutcliffe
(Angleterre)

sem Vortrieb wurden Geschwindigkeiten in zwei Dritteln der Strecke von 20—24 m und rund 90—100 m/Woche erreicht, wobei die reinen Fahrzeiten mit Rücksicht auf

Abb. 12. Die Vortriebsmaschine PKG-1 (UdSSR)
The headingmachine PKG-1 (USSR)
La machine de creusement de galerie PKG-1 (URSS)

die Stillstände durch Ausbau, Förderstörungen usw. nur 55—60 % der Arbeitszeit betrugen. Die Leistung war 0,654 m/MS, was für die Verhältnisse recht bedeutend

Abb. 13. Die Vortriebsmaschine PK-3 (UdSSR)
The headingmachine PK-3 (USSR)
La machine de creusement de galerie PK-3 (URSS)

ist. Durch das System der Frässcheibenanordnung wurden rund ein Drittel des Gesteins gebrochen und zwei Drittel geschnitten.

Eine Kalkulation, die von Anschaffungskosten der Maschine in Höhe von 0,75 Mio DM, einer Lebensdauer der Maschine von vier Jahren und einer Verzinsung von 8 % ausging, ergab, daß bei dem Versuchsvortrieb ein Stollenmeter mit der Wohlmeyermaschine 540 DM gekostet hat. Ein Vortrieb mit Seitenkippern in herkömmlicher Weise hätte dagegen 729 DM/Stollenmeter gekostet. Es wurde berechnet, daß auch unter Berücksichtigung der kostspieligen Montage und Demontage der Einsatz der Maschine schon bei einem Stollenvortrieb von 350 m Länge wirtschaftlich ist.

Dieser Erfolg mit der Wohlmeyermaschine führte dazu, daß die Fa. Friedrich Krupp, Rheinhausen, eine Serie von mehreren Maschinen herzustellen beabsichtigt. Näheres über den Einsatz dieser neuen Stollenvortriebsmaschine berichten Schönfeld und Arzypowski (1965) und Trösken (1965).

Von den ausländischen Vortriebsmaschinen wären besonders die auf der Bergbaumaschinenausstellung im Juli 1965 in London gezeigten Nachreißmaschinen „Greenside" mit 120 PS, „Meco", „Joy" und „Bretby-Sutcliffe" (Abb. 11) zu erwähnen. Diese Maschinen weiten die Förderstrecken im Feldwärtsbau aus, nachdem das Kohlenflöz bereits abgebaut ist.

In der UdSSR wurde die „PKG-1" (Abb. 12) mit Frässcheiben gebaut, die senkrecht zum Stoß stehen, und die später zur „PKG-2" weiterentwickelt wurde.

Abb. 14. Die ungarische Vortriebsmaschine F-5
The Hungarian headingmachine F-5
La machine hongroise de creusement F-5

Diese hat einen dreistufigen Zentralbohrer, wiegt 12 t, hat zwei Elektromotoren von 43,5 PS und ist auch nur für weichere Gesteine verwendbar.

Die „PK-3" (Abb. 13) mit einem schwenkbaren Ausleger, an dessen Ende sich eine Fräskugel befindet, ist für Gesteine bis 350 kp/cm² Druckfestigkeit geeignet; sie wiegt 11 t, hat fünf Motoren mit 113,5 PS und erzeugt ein Profil von 6,7 m Durchmesser.

Eine ähnliche Maschine aus Ungarn ist die „F-5" (Abb. 14), die auch in Österreich bei der Wolfsegg-Traunthaler Kohlenwerks AG. im Einsatz steht und das Vorbild der vorher erwähnten russischen Maschine war. Diese Maschine wiegt nur 6,5 t, hat sieben Motoren mit insgesamt 57,5 PS und war in Österreich sehr leistungsfähig, allerdings nur in der Auffahrung von Trapezstrecken. Das Werk Zeltweg der Österr. Alpine Montangesellschaft baut derzeit in Lizenz die „F 6-A". Es wurde der Ausleger um 200 mm verlängert und der Fräsmotor auf 20 kW verstärkt. Die Maschine wiegt 7,5 t.

Abb. 15. Die Streckenvortriebsmaschine SVM 40
(Bundesrepublik Deutschland)
The driftingmachine SVM 40 (German Federal Republic)
La machine de creusement de galerie SVM 40
(R. O. A.)

Nicht so erfolgreich wie mit der Wohlmeyermaschine verlief der Versuch mit der Streckenvortriebsmaschine „SVM 40" (Abb. 15), deren Bau von der Montan-

Union subventioniert wurde. Die Maschine trägt vorne Rollenbohrwerkzeuge und ist für einen Stollendurchmesser von 4,0 m, entsprechend 12,52 m² Ausbruch, entwickelt. Nach 38 m Auffahrung mußte die Maschine aus betrieblichen Gründen aus der Grube herausgenommen werden.

Sie war in einer Flözstrecke der Zeche Prosper III/IV der Rheinstahl-Bergbau A. G. in Bottrop eingesetzt worden, wo eine 55 cm starke Sandsteinschicht eine Druckfestigkeit von 1500—1600 kp/cm² und die benachbarten Schiefer eine solche von 450 kp/cm² zeigten. Vor allem waren es die gut geschichteten und stark wechselnden Schichten des Karbons, die die Bearbeitung mit Rollmeißeln verhinderten.

Die Zahnlücken der axialverzahnten Bohrrollen setzten sich beim Bohren mit feinstem Bohrklein zu, so daß sich infolge der hohen Anpreßdrücke brikettartige Ausfüllungen bildeten, die das Eindringen der Zähne in das Gestein erschwerten, wenn nicht sogar verhinderten. Das Bohren mit Rollmeißeln in horizontaler Richtung erwies sich als undurchführbar, während so vor kurzem ein senkrechtes Bohrloch mit 2 m Durchmesser im Aachener Revier auf 50 m Tiefe hergestellt werden konnte. Weitere Versuche werden im Rahmen eines Forschungsvorhabens am Prüfstand weitergeführt.

Die „SVM 40" wiegt 75 t und hat zwei Motoren mit insgesamt 375 PS.

Die amerikanische Fa. James S. Robbins, Washington, baut Tunnelbohrmaschinen (Abb. 16) mit verschiedensten Durchmessern, wobei ein äußeres und inneres Fräskreissegment sich entgegengesetzt drehen und Messer, die auf sechs bzw. drei Armen stecken, Rillen ins Gestein schneiden. Die Rippen werden dann mit Disken herausgebrochen. Die zwei Antriebsmotoren einer dieser Maschinen haben 400 PS, das Gewicht der Maschine beträgt 120 t, der Fräsdurchmesser 7,85 m. Sechs dieser

Abb. 16. Die amerikanische James-S.-Robbins-Tunnelbohrmaschine
The American James S. Robbins machine for tunnel boring
La machine américaine James S. Robbins destinée à forer les tunnels

Maschinen waren am Oahe-Damm in Süd-Dakota eingesetzt; der Stundenvortrieb betrug dort 3,6 m, in zwei Schichten wurden 23 m aufgefahren. Der größte Typ dieser Maschine mit 36 ft 8 inches Durchmesser ist in West-Pakistan am Mangla-Damm in Verwendung; er hat 1100 PS installiert und wiegt 225 t.

Eine amerikanische Gewinnungsmaschine, die sich in Europa gut bewährt hat, ist z. B. der „Continuous miner" der Fa. Joy (Abb. 17); sie wiegt 14 t, hat sieben E-Motoren mit insgesamt 162 PS und kann mit der Schrämkettenwalze einen Querschnitt von 8 m² trapezförmig herausschneiden.

Der „Continuous miner" wird für die Streckenauffahrung in Kohle und weichen Schiefern verwendet.

Zuletzt sei die im Kohlenbergbau Trimmelkam, Oberösterreich, eingesetzte Gewinnungsmaschine der Fa. Eickhoff (Abb. 18) erwähnt, die mit einem 130-kW-Motor ausgerüstet ist. Sie ist besonders flach und für eine Flözmächtigkeit von etwa

1,2 m gebaut. Durch einen langen Arm ist ein großer Schwenkbereich der Walze in Anpassung an wechselnde Flözmächtigkeiten gegeben.

Abb. 17. Die amerikanische Vortriebs- und Gewinnungsmaschine der Fa. Joy (USA)
The American heading- and coalgetting machine of the Joy Inc. (USA)
La machine américaine d'abatage et de creusement les galeries de la Cie. Joy (USA)

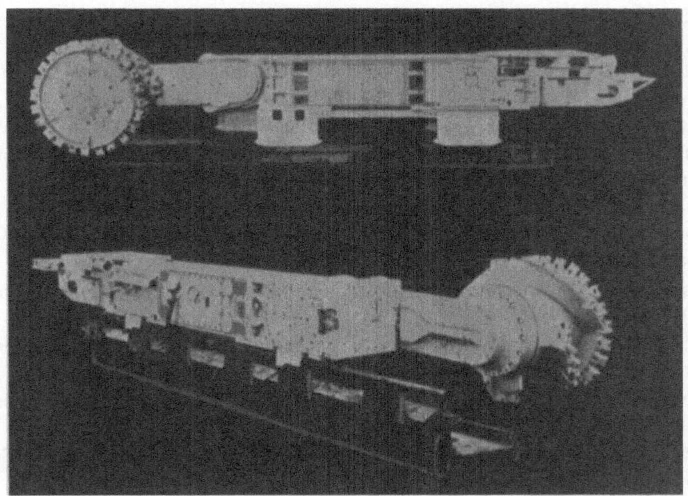

Abb. 18. Die Gewinnungsmaschine der Fa. Eickhoff in Bochum,
der Walzenschrämlader 130-WL
The coalgetting machine of the Eickhoff Inc. Bochum, the drum cutter-load 130-WL
La machine d'abatage de Eickhoff à Bochum, la hareuse 130-WL

Zum Schluß sei der Wunsch zum Ausdruck gebracht, daß die im Bergbau entwickelten Streckenvortriebsmaschinen auch im Tunnelbau mehr und mehr Verwendung finden mögen, zumindest beim Auffahren von Richtstollen, durch die später eine Gewähr für eine gute Bewetterung gegeben ist. Weiterhin bietet diese in bezug auf das Gestein sinnvolle maschinelle Vortriebsart einen besseren Arbeitsschutz und nicht zuletzt eine Erleichterung der schweren Schußlochbohrarbeit.

Literatur

Da die Veröffentlichungen zu diesem Thema teilweise sehr schwer zugänglich sind und sich demzufolge ein Überblick über das bisher vorliegende Quellenmaterial nur mit Mühe gewinnen läßt, wird anschließend eine ausführliche Literaturübersicht gegeben.

Ajtay, Z.: Vorrichtungskombine mit Fräserkopf, am Ortsstoß gesteuert. Mitt. Forschungsinst. f. Bergbau, Budapest, *1* (1958).

Andreev, A.: Die Entstehung und Weiterentwicklung der Streckenvortriebsmaschinen PPG und PKG. Master Uglja 7 (1958), Nr. 5, 21.

Archangelskij, I.: Vortriebskombinen. Moskau Ugletechizdat, *1956, 175.*

Archangelskij, A. S.: Die Mechanisierung und Automatisierung des Streckenvortriebs mit Hilfe von Vortriebsmaschinen. Mech. Avtom. Proizv. *14* (1960), Nr. 10, 37.

Arsenjev, V. F.: Der Einfluß einiger bergtechnischer Größen auf die Auffahrleistung der Streckenvortriebsmaschinen PKG-3 und PK-3. Izvest. VUZ, Gorn. Ž., 1961, Nr. 8, 38.

Babokin, I. A.: Kombine PK-2 m — eine leistungsfähige Streckenvortriebsmaschine. Bergbautechn. *3* (1953), 195.

Barkalov, D. M. und A. F. Ostafinskij: Schnelles Auffahren söhliger Strecken mit der Maschine SchBM-lu. Ugol Ukrainy 3 (1959), Nr. 1.

Bárta, F. und B. Bajgar: Zur Lösung der Frage der Abschreibung von Grubenräumen. Montanrundschau Wien, *1962.*

Bazer, Ja.: Neue Streckenvortriebsmaschinen. Master Uglja 9 (1960), Nr. 10, 24.

Beebower, R.: The Konnerth mining machine. J. Min. Congr. 7, 20.

Beer, H.: Verbesserte Streckenvortriebsmaschine für den Kalibergbau. Bergbautechn. 7 (1957), 40.

Bernière, J.: Evolution statistique des résultats du creusement de galeries dans le bassin du Nord et du Pas-de-Calais. Rev. ind. minér. 40 (1958), 311.

Bernstein, H.: Über die Möglichkeiten der Leistungssteigerung im Streckenvortrieb durch den Einsatz der Einheitsstreckenvortriebsmaschine. Freiberger Forschungsh., A 222, 1960.

Bljumkin, R.: Die Streckenvortriebskombine PK-3. Master Uglja *4* (1955), Nr. 12.

Borges, E.: Betriebszusammenfassung in der Vorrichtung mit leistungsfähigen ausländischen Streckenvortriebsmaschinen. Glückauf 97 (1961), 677.

Borisov, M. B. und V. G. Černyšev: Betriebserfahrungen mit der Streckenvortriebsmaschine SBM-1 auf der Grube 12, Michailowskaja im Donezbecken. Izvest. VUZ, Gorn. Z., *1959*, Nr. 1, 42.

Borschel, W.: Voraussetzungen und Möglichkeiten zum Großlochbohren. Nobelhefte 2 (1957).

Brandi, K.: Neuere Erfahrungen im Flözstreckenvortrieb, im besonderen mit Streckenvortriebsmaschinen. Glückauf 97 (1961), 819.

Brenner, W. A. und A. M. Iwanschinow: Die Streckenvortriebsmaschine PKG-2 im Kohlenbezirk von Karaganda. Mech. Trud., Moskau, *10* (1956), Nr. 9, 12.

BU 3966: Neue Geräte für das Auffahren von Vorrichtungsstrecken. Bergbautechn. DDR, *1956, 669.*

Bujnovskij, G. P.: Die Streckenvortriebsmaschine PK-4. Ugol 34 (1959), Nr. 8, 50.

Buss, H.: Möglichkeiten und Vorteile eines beschleunigten Vortriebs von Abbaustrecken. Schlägel und Eisen, *1952*, Heft 3.

Castalaine, A. d.: Der Stanleysche Streckenbohrer. Österr. Z. f. Berg- u. Hüttenwes. *51* (1888).

Cheshire, J. C. L.: Tunneling. Practice and perfomance. Iron Coal Trad. Rev. *178* (1959), Nr. 4734, 361.

Collins, H. E.: Face mechanisation and roof support. Iron Coal Trad. Rev. *165* (1952).

Černšev, A. V. und V. V. Samcenko: Rekordgeschwindigkeit beim Auffahren von Strecken mit der Vortriebsmaschine PK-2 m im Moskauer Becken. Schachtn. Stroit., Moskau, *1958*, Nr. 8, 21.

Černšev, A. V. und V. V. Samčenko: Mit der Maschine PK-3 kann man monatlich 500 m Strecke auffahren. Schachtn. Stroit., Moskau, *1958*, Nr. 11, 15.

Dankov, V. I.: Schneller Streckenvortrieb auf den Kohlengruben des Gebietes von Lugansk, Ugol Ukrainy 5 (1961), Nr. 5, 26.

Dik, V., Z. Levon und A. Lomovskij: Auffahren einer Strecke mit einem Vortriebsschild. Master Uglja 7 (1958), Nr. 6, 10.

Dorstewitz, G.: Anwendung exakter, namentlich mathematischer Methoden bei der Lösung ökonomischer Probleme. II. Int. Kongr. „Erhöhung der Rentabilität im Bergbau", Prag, *1961*.

Fabricius, O.: Betriebsversuche mit Ankerausbau im Braunkohlentiefbau. Geol. u. Bauw. *23* (1957), 20.

Feldmann, M. J. und B. S. Rejsin: 1304 m Strecke im Monat. Bericht über das Auffahren von Strecken in der Kohle mit Hilfe der Maschine PK-2 m. Schachtn. Stroit., Moskau, *1957*, Nr. 10, 21.

Fritsche, K. H. und W. Borschell: Mehr Schrämen. Glückauf 87 (1951).

Furmanenko, N.: Das Vorrichten von Streben mit der Vortriebsmaschine KN-1. Master Uglja 5 (1956), Nr. 5, 13.

Getopanov, V. N.: Die Wahl der Schnittlinienzahl bei der Streckenvortriebsmaschine SBM. Nauč. Dokl. Vyšš. Školy, Gornoje Djelo, *1959*, Nr. 2, 62.

Glebe, E.: Mechanisches Auffahren von Strecken. Glückauf 86 (1950), 121.

Grebač, F. und V. Pekár: Vorläufige Bewertung des Streckenvortriebs mit der Maschine F-4 in den Gruben von Modrý Kámen. Uhli 2 (1960), Nr. 8, 271.

Griner, A.: Berechnung der technischen Leistungsnormen für die Arbeit mit der Streckenvortriebsmaschine PK-2 m. Ugol 35 (1960), Nr. 11, 57.

Gross, K.: Ein Weg zur Ermittlung der Wirtschaftlichkeit von Streckenvortriebsmaschinen bei Planungen. Glückauf *94* (1958), 142.

Hochstetter, C.: Neue Methode zur Beschleunigung der Streckenauffahrung. Int. Kongr. Erhöhung der Rentabilität im Bergbau, Prag, *1961*.

Janke, J.: Streckvortriebsmaschine. Braunkohle, *1953*, 142.

Jansen, F.: Streckenvortriebs- und Abbaumaschinen sowie mechanischer Ausbau für den rheinischen Braunkohlentiefbau. Braunkohle, *1944*.

Jaritz, J., F. Neureder und K. Weixelberger: Gesteinsvortriebe in einem steirischen Kohlenbergbau; Wirtschaftlichkeit, Leistung und Sprengmittelverbrauch; Vorteile beim Millisekundenschießen. Montan-Rundschau, Wien, *1961*.

Judin, N. P., I. A. Ejdelštejn und V. P. Zejfert: Die Streckenvortriebsmaschine „Karaganda - 1 M". Mech. Avtom. Proizv. *15* (1961), Nr. 1, 43.

Kagan, F. J.: Schnelles Auffahren von Strecken mit Hilfe von Vortriebsmaschinen. Mech. Trud., Moskau, *12* (1958), Nr. 9.

Karasev, N. F.: Herstellen eines Tunnels der Moskauer Untergrundbahn mit einem mechanischen Vortriebsschild. Mech. Trud., Moskau, *11* (1957), Nr. 10, 29.

Karasev, N. F.: Auffahren eines Tunnels mit einem Vortriebsschild leichterer Bauart. Mech. Avtom. Proizv. *13* (1959), Nr. 2, 23.

Kastner, H.: Über die Anwendung der technischen Mechanik in der tektonischen Geologie. Geol. u. Bauwes. *20* (1953), 56.

Kieslinger, A.: Über die Anwendung eines neuartigen räumlichen Modells in der praktischen Geologie. Geol. u. Bauwes. *24* (1958), 95.

Kirnbauer, F.: Der Faktor Zeit im Stollen- und Streckenvortrieb. Montan-Rundschau, Wien, *1960*.

Kisanov, V. J.: Vereinfachung der Berechnung des Streckenquerschnitts und Streckenumfangs bei Bogenausbau. Ugol 37 (1962), Nr. 3, 62.

Klingspor, G.: Erfahrungen beim Auffahren von Strecken mit der Vortriebsmaschine Marietta. Glückauf 98 (1962), 577.

Kochanowsky, B. J.: Tunnelbohren in den USA. Bergbauwiss. 6 (1959), Nr. 12.

Kogan, K.: Die Vortriebsmaschine KN-2 für Vorrichtungs- und Zurichtungsarbeiten. Master Uglja *6* (1957), Nr. 2, 13.

Komarow, N. I.: Erprobung der Vorrichtungsmaschine KN-1 und KN-2 für Vorrichtungsarbeiten. Mech. Trud., Moskau, *10* (1956), Nr. 4.

Komarow, N. I. und W. Jazkich: Die Streckenvortriebsmaschine DGI-2 m. Master Uglja *5* (1956), Nr. 11, 22.

Korbuly, J.: Entwicklungsfragen der Abbau- und Lademaschinen ungarischer Erzeugung. Engl. Mitt. d. ungar. Forsch. Inst. f. Bergbau, Budapest, *1959/60*.

Kotek, M. L.: Ausbauschild mit Streckenvortriebsmaschine. Gorn. Ž. *1958*, Nr. 6, 39. (Sowjetische Patentschrift Nr. 102 006.)

Kowaltschuk, M. S.: Schnelles Auffahren von Strecken mit der Streckenvortriebsmaschine PKG-2 im Kusnezbecken. Ugol *31* (1956), Nr. 8, 15.

Kowaltschuk, M. S.: Ergebnisse des Einsatzes der Streckenvortriebsmaschine PKG-3 auf der Grube „Bajdajweskie Uklony". S. Glückauf *94* (1958), 1883.

Krüger, A.: Weiterentwicklung des Abbaus und Streckenvortriebs. Freiberger Forschungsh., *A 199* (1961).

Kutzenberger, K.: Bericht über die bisherige Arbeit in Schmitzberg mit der ÖSTU-Streckenvortriebsmaschine 1. Montan-Rundschau, Wien, *1965*.

Kutzenberger, K.: Praktische Erfahrungen mit der ÖSTU-Streckenvortriebsmaschine in Kohle und Gestein. Berg- und Hüttenmänn. Mh., Wien, *1966*.

Kusnezow, W.: Schnellstreckenvortrieb mit der Kombine PK-2 m. Master Uglja *4* (1955), Nr. 12, 5.

Küsewetter, V.: Maschinelle Streckenauffahrung einst und jetzt. BBZ, *1948*.

Lesiecki, W. und W. Regulski: Gewinnung mit Kombinen. Bergbau *5*, 3. Teil. Katowice: Slask, 1957.

Lezon, M.: Mechanisierung der Gewinnung und des Streckenvortriebs im sowjetischen Kohlenbergbau. Wiad. Gorn. *11* (1960), Nr. 7/8, 229.

Lochanin, K.: Die Vortriebsmaschine PKS-1. Mechanizacija trudojomkich i tiažiolych rabot, *1954*, Nr. 3, 23 (russ.).

Lochanin, K. A. und W. I. Abmorschew: Die Streckenvortriebsmaschine PK-3. Mech. Trud., Moskau, *11* (1957), 37.

Lokhominė, K. A.: PKS-1 pour creusement de galeries. Bull. inf. techn. Charb. France, *1954*, Nr. 59, 8.

Locker, F.: Maschinelle Streckenauffahrung. BBZ, *1948*, 11.

Locker, F.: Gebirgsdruck in kreisförmig ausgefrästen Kohlenstrecken. Inter. Gebirgsdrucktagung Leoben, *1950*, 151.

Locker, F.: Die Notwendigkeit des beschleunigten Streckenvortriebs und raschen Ausbau als Folge der Mechanisierung im Streb. Montan-Rundschau *3* (1955), 111.

Locker, F.: Die Wohlmeyer-Strecken- und Stollenbohrmaschine. Berg- und Hüttenm. Mh. *105* (1960), 349.

Locker, F.: Streckenvortriebsmaschinen und Ladegeräte im Braunkohlentiefbau. Braunkohle, Wärme und Energie *13* (1961), 495.

Locker, F.: Die ungarische Vortriebsmaschine F 5. Braunkohle, Wärme und Energie, *1962*.

Locker, F.: Neue Strecken- und Stollenvortriebsmaschinen. Festschr. d. Leobener Bergmannstages, *1962*.

Lukanov, V. G.: Streckenvortrieb in der Kohle mit der Maschine PKG. Mech. Avtom. Proizv. *13* (1959), Nr. 3, 52.

Lukanov, V. G.: Entwürfe des Planungsinstitutes für Kohlenbergwerksmaschinen. Ugol Ukrainy *3* (1959), Nr. 11, 25.

Lück, H.: Schrifttumsschau über Aus- und Vorrichtung nach dem Stande vom 1. Juli 1958. Glückauf *94* (1958).

Lychin, P. A. und I. I. Nevenčenko: Streckenvortrieb mit der Maschine PK-3 im fernöstlichen Küstengebiet. Mech. Trud., Moskau, *12* (1958), Nr. 11, 21.

Machalski, F.: Versuchsgrube zum Abbau der Schwefellagerstätte in Piaseczna bei Tarnobrzeg. Wiad. Gorn., Kat., *9* (1958), Nr. 3, 52.

Matschak, H. und H. Leibinger: Die neue Streckenvortriebsmaschine und ihre bisherigen Leistungsergebnisse im Entwässerungsbereich des Braunkohlenbergbaues. Freiberger Forschungsh., A 222 (1961).

Martynenko, I. A.: Schneller Streckenvortrieb mit der Maschine SBM-2 auf der Grube Nr. 3 Wlikomostowskaja. Ugol 35 (1960), Nr. 8.

Matušek, Z.: Erfahrungen mit der Vortriebskombine PK-3M im Ostrau-Karwiner Revier. Montan-Rundschau, Wien, 1963.

Merkel, H.: Beobachtungen über die Arbeit mit dem Continuous Miner im Steinkohlenbergbau der Vereinigten Staaten in Amerika. Glückauf 89 (1953), 1140.

Michaajlov, V. G. und G. G. Karjuk: Die Arbeitsweise der Meißel der Streckenvortriebsmaschine SBM. Nauč. Dokl. Vyšš. Školy, Gornoje Djelo, 1959, Nr. 2, 52.

Middendorf, H.: Vorteile und Möglichkeiten eines beschleunigten Streckenvortriebs. Schlägel und Eisen, 1952.

Mir, J.: Kali in Kanada. Übersicht über den kanadischen Kalibergbau, die Lagerungsverhältnisse und die Zusammensetzung der Salze. Mineria y Metal. 18 (1958), Nr. 211.

Morgunov, V. O.: Glänzende Leistung im Streckenvortrieb. Ugol Ukrainy 3 (1959), Nr. 5, 3.

Morozov, P. E.: Streckenvortrieb mit den Maschinen PK-2m und PK 3-4. Ugol Ukrainy 4 (1960), Nr. 4, 26.

Morozov, P. E.: Die sowjetische Streckenvortriebsmaschine PK-4. Uhli 2 (1960), Nr. 1, 35.

Müller, J. und L. Suchan: Ein Beitrag zur Verbesserung der Schießtechnik. Uhli 3 (1961), Nr. 2, 52.

Müller, L.: Technologie der Erdkruste. Geol. u. Bauw. 17 (1950), 97.

Müller, L.: Das Experiment in der technischen Geologie. Berg- und Hüttenm. Mh. 97 (1952), 145.

Müller, L.: Technische Auswirkungen der Gesteinsanisotropie. Geol. u. Bauw. 23 (1957), 1.

Müller, L.: Der Mehrausbruch in Tunneln und Stollen. Geol. u. Bauw. 24 (1959), 204.

Müller, L.: Grundsätzliches über gebirgstechnologische Großversuche. Geol. u. Bauw. 27 (1961), 3.

Müller, O.: Amerikanische Tunnelbohrmaschine. Industriekurier, Wochenausgabe Technik und Forschung, 9 (1956), Nr. 139 (32), 439.

Müller, R.: Streckenvortriebsmaschinen in Entwässerungsstrecken des Braunkohlenbergbaues. Bergbautechn. 8 (1958), Nr. 8, 407. (Kurzer Überblick über die vor 1945 erbauten Maschinen.)

Neuber, L.: Streckenvortriebsmaschinen für den Kalibergbau. Bergbautechn. 8 (1958), Nr. 8, 399.

Peake, C. V.: Development of an experimental ripping machine. Trans. Instn. Min. Engrs. 119 (1959/60), Nr. 11, 671.

Pelzer, A.: Die Entwicklung und Verbreitung von Gewinnungs- und Lademaschinen im Ausland. Glückauf 90 (1954).

Pelzer, A.: Die Entwicklung der Streckenvortriebsmaschinen im In- und Ausland. Glückauf 90 (1954).

Pelzer, A.: Die Mechanisierung in Streb und Strecke im sowjetischen Kohlenbergbau. Glückauf 93 (1957), 1265.

Pelzer, A.: Die Entwicklung der Aus- und Vorrichtung im westdeutschen Steinkohlenbergbau in den letzten Jahren. Glückauf 95 (1959), 141.

Phillips, W.: Colmol in operation. Min. Congr. J., 1949, Nr. 10, 24.

Poljakow, N. S., A. J. Ličin und I. G. Sockmann: Die Streckenvortriebsmaschine DGI-2m. Ugletechizdat, Moskau, 1956, 12.

Procaj, F. I.: Erprobung einer neuen Streckenvortriebsmaschine. Ugol 34 (1959), Nr. 8, 64.

Protodjakonov, M. M. und A. M. Terpigorev: Gewinnen (Lösen) von Kohle und Gesteinen. Ugletechizat, Moskau, 1958.

Prudkin, J. M.: Die Wirtschaftlichkeit der Streckenvortriebsmaschinen auf der Kohlengrube des Kusnezbeckens. Ugol *36* (1961), Nr. 9, 41.

Ríman, A. und F. Locker: Projektierung und Rationalisierung von Kohlenbergwerken. S. 262. Wien: Springer, *1962*.

Ríman, A. Ostrava: Grundzüge der Gesteinsmechanik und des Gebirgsdruckes in den Gruben. Tschech. Staatsverl. d. techn. Literatur, Prag, *1955*.

Rive, A.: Beschleunigtes Auffahren von Strecken mit Schrapplader und Marietta Miner in Nordfrankreich. Glückauf *97* (1961), 365.

Robbins: Tunnel boring machine. Canad. Min. J. *76* (1955), Nr. 11, 72, Nr. 12, 65.

Rostomjan, P. M.: Zur physikalischen Grundlage der Bearbeitung von Gestein mit Hilfe des „Planeten"-Bohrmechanismus. Ugol *30* (1955), Nr. 8, 34.

Rudenko, N. P.: Vortriebsmaschinen mit zykloidisch arbeitenden Arbeitswerkzeugen. Nauč. Dokl. Vyšš. Školy, Gornoje Djelo, *1959*, Nr. 2, 180.

Saprykin, S. G.: Das Auffahren von Tunnels mit einem mechanischen Vortriebsschild. Mech. Trud., Moskau, *11* (1957), Nr. 4, 12.

Sátory, S.: Die Ergebnisse mit der Vortriebsmaschine Type F-4 in den Gruben des Mátravidéker Kohlenbergbautrustes. Bány. Lap. *13* (1958), Nr. 7, 442.

Segalin, W. G. und A. A. Rudanowskij: Steuerung der Bewegung von Streckenvortriebs- und Kohlengewinnungsmaschinen nach radioaktiven Verfahren. Atom. Energ., Moskau, *4* (1958), Nr. 1, 88.

Sik, S. L.: Streckenauffahrungen mit Vortriebsmaschinen. Montan-Rundschau *8* (1960), 299.

Smertjuk, V. G.: Verwendung der Streckenvortriebsmaschine SchBM-1 beim Auffahren eines Bremsberges. Schachtn. Stroit., Moskau, *1958*, Nr. 6, 23.

Smertjuk, V. G.: Streckenvortrieb mit der Maschine SBM-1 bei hydraulischem Abfördern der Berge. Ugol *35* (1960), Nr. 10, 47.

Smertjuk, V. G.: Die Streckenvortriebsmaschine PK-7. Ugol *35* (1960), Nr. 10, 58.

Snure, J.: How continuous mining works, Its results, problems, future. Coal Age, *1950*, Nr. 3, 95.

Snyder, C. H.: The Colmola continuous mining machine. Min. Engin., *1950*, Nr. 6, 715.

Snyder, C. H.: The Colmol. Coal mine modernization, *1949*.

Sonntag, G.: Die Beanspruchung des Gebirges in der Umgebung eines Schlitzes in Abhängigkeit seiner Richtung zur Erdoberfläche. Geol. u. Bauw. *23* (1957), 19.

Sorokin, E. A.: Neue Vorrichtungen und Maschinen zum Auffahren söhliger Strekken. Schachtn. Stroit. *5* (1961), Nr. 3, 31.

Sukatsch, W. und M. Reka: Die Streckenvortriebsmaschine KP. Master Uglja *6* (1957), Nr. 1, 14.

Széchy, K.: Beitrag zur Gebirgsdruckverteilung um einen kreisförmigen Tunnelquerschnitt. Österr. Ing. Z. *107* (1962).

Schaparow, S. J.: Auffahren von Strecken im Kalikombinat Beresniki mit der Streckenvortriebsmaschine SchBM-1. Mech. Trud., Moskau, *10* (1956), Nr. 12, 18.

Šatunov, B. N.: Mechanisierung des Streckenvortriebs beim Abbau von Ton. Mech. Avtom. Proizv., *1960*, Nr. 8, 39.

Schenk, G.: Der mechanisierte Vortrieb horizontaler Grubenräume. Uhli, Prag, *1953*.

Schönfeld, H. und M. Arzypowski: Erste Betriebserfahrungen mit der Strekkenvortriebsmaschine Wohlmeyer. Glückauf *101* (1965), Heft 16, Essen.

Stesin, E. L., L. N. Myšinskij und A. V. Melnikov: Der Bau von Streckenvortriebsmaschinen mit schneckenförmigem Arbeitszeug. Mech. Avtom. Proizv. *14* (1960), Nr. 9, 32.

Stini, J.: Bemerkungen zur neuesten Veröffentlichung Kastners über den echten Gebirgsdruck. Geol. u. Bauw. *19* (1952), 240.

Toptschiew, A. W.: Mechanisierung und Automatisierung des Arbeitsvorganges in der Kohlenindustrie der UdSSR. Inter. Kongr. zur Erhöhung der Rentabilität im Bergbau, Prag, *1961*.

Torre, C.: Über die Abplattung im Stollenbau (Grubensicherheit und Grubenausbau). Montan-Ztg., *1952*, 246.

Treadwell, J. A.: Pitus d'extraction ou fendue à bande. Congr. du centenaire de la Soc. de l'industrie min., Paris, *1955*.

Trösken, K.: Neueste Erkenntnisse im Großlochbohren mit Rollmeißeln im Ruhrbergbau unter Tage. Glückauf (1962), Heft 24, Essen.

Trösken, K.: Erfahrungen mit Streckenvortriebsmaschinen im Ruhrbergbau und in anderen Bergbauländern. Glückauf *99* (1963).

Trösken, K.: Neue Entwicklungen bei den ausländischen und den inländischen Streckenvortriebsmaschinen. Glückauf *101* (1965), Heft 14, 843—850.

Tschuksejew, J. K.: Zur Mechanisierung des Streckenvortriebs im Moskauer Bekken (PK-2 m) (PK-3). Schachtn. Stroit., Moskau, *1957*, Nr. 10, 4.

Valente, J.: 1307 m mit Streckenvortriebsmaschine PK-2 auf der Grube 1. Mai. Mistři Horn. Práce, *3* (1958), Nr. 6, 121.

Vergasov, L. D.: Schaffung eines mechanischen Vortriebsschildes für das Moskauer Becken. Schachtn. Stroit., Moskau, *1958*, Nr. 4, 11.

Vergeron, M. de: Le problème de pics des engins d'abatage, étude des pics de la Marietta. Dok. Techn. *6* (1961).

Votteler: Die Streckenvortriebsmaschine von Gölzau. Taschenbuch für den Bergbau, *1953* (DDR).

Wallek, G.: Betriebserfahrungen mit der Rundschrämmaschine Korfmann RStB. Montan-Rundschau *8* (1960), 343.

Wilson, H. H.: Rock tunneling machines. Coll. Guard. *191* (1955), 1.

Wilson, H. H.: Rock tunneling machines. Coll. Guard. *192* (1956), 180.

Wolkow, A. N. und I. A. Uschakow: Der Betrieb mit der Streckenvortriebsmaschine PKG-1. Mech. Trud., Moskau, *10* (1956), Nr. 2, 19.

Woomer, J. W.: La mine americaine dans l'avenir. Congr. du centenaire de la Soc. de l'industrie min., Paris, *1955*.

Wychodzew, N.: Kombine PK-2 m im Schacht. Miechananizacija trudojomkich itiažiiolych rabot, *1951*, Nr. 5, 19 (russ.).

Zewierzejew, A.: Neue ungarische Kohlenbergwerksmaschinen. Wiad. Gorn. *12* (1961), Nr. 1/2, 29.

Zorin, L. F. und F. D. Kraševskij: Streckenvortriebsmaschinen im Braunkohlengebiet am Dnjepr. Schachtn. Stroit., Moskau, *1958*, Nr. 10, 20.

Zygankow, W.: Die Streckenvortriebsmaschine von Gummenik PKG-2 auf der Grube Polysajewskaja-2. Master Uglja *5* (1956), Nr. 10, 8.